AlphaZero

深層学習 強化学習 探索

人工知能プログラミング 実践入門

布留川 英一 著

Born Digital, Inc.

本書のダウンロードデータと書籍情報について
本書に掲載したサンプルプログラムのダウンロードデータは、ボーンデジタルのウェブサイトの
本書の書籍ページ、または書籍のサポートページからダウンロードいただけます。

https://www.borndigital.co.jp/book/

また、本書のウェブページでは、発売日以降に判明した正誤情報やその他の更新情報を掲載して
います。本書に関するお問い合わせの際は、一度当ページをご確認ください。

■サンプルプログラムで使用した機械学習フレームワーク

本書に掲載したサンプルプログラムは、以下の機械学習フレームワークを使用しています。それ
ぞれ執筆時点（2019 年 5 月）の最新版になります。

- Python 3.6.7
- tensorflow 1.13.1
- numpy 1.14.6
- matplotlib 3.0.3
- pandas 0.22.0
- Pillow (PIL) 4.1.1
- h5py 2.8.0
- gym 0.10.11

それぞれのフレームワークの利用環境の詳細は、2 章など本文を参照してください。
なお、フレームワークのバージョンが更新された際には、本書の解説と異なる、もしくはサンプル
プログラムが動作しない場合がありますので、あらかじめご了承ください。

商標
・Python は、Python Software Foundation の商標または登録商標です。
・Apple、mac、Macintosh、macOS、は、米国および他の国々で登録された Apple Inc. の商標です。
・Google および Google ロゴ、TensorFlow および TensorFlow ロゴは、Google Inc. の商標または登録商標です。
・Linux は、米国およびその他の国における Linus Torvalds の商標または登録商標です。
・その他、本書に記載されている社名、商品名、製品名、ブランド名、システム名などは、一般に商標または登録商標で、それぞれ帰属
　者の所有物です。
・本文中には、©、®、™ は明記していません。

はじめに

　この本は、囲碁のプロ棋士を破った人工知能「アルファ碁」の進化版「AlphaZero」を作りながら学ぶ、人工知能プログラミングの入門書です。

　小さなプログラムをステップ・バイ・ステップで作成しながら、プログラミング言語「Python」と、人工知能の基礎技術「深層学習」「強化学習」「探索」を学習することで、最終的には「AlphaZero」ベースの人工知能を完成させ、「三目並べ」「コネクトフォー」「リバーシ」「簡易将棋」といったゲームを攻略します。

　人工知能プログラミングというと、高性能なパソコンやサーバーが必要というイメージがありますが、本書ではGoogleが提供する無償のオンラインサービス「Google Colaboratory」を使うため、その必要はありません。Webブラウザが使えるパソコン（Windows／Mac／Linux）とネットワーク環境さえあれば、誰でも簡単に人工知能プログラミングを始めることができます。

　本書の対象読者は、以下になります。

- 人工知能プログラミングをはじめたい人
- 「深層学習」「強化学習」「探索」を学びたい人
- AlphaZeroの仕組みを知りたい人

「AlphaZero」の特徴は、大きく2つあります。

　1つ目は、人間の熟練者のデータをまったく必要としないことです。人間の知識の限界に制約されないことを、AIの強さに繋げました。そして、ゲームのルール以上の専門知識を必要としないので、「二人零和有限確定完全情報ゲーム」であれば、どんなゲームにも応用できます。

　2つ目は、アルゴリズムが信じられないほどエレガントなことです。プロ棋士に勝ったのですから、世界で数人しか理解できないような複雑なアルゴリズムを使っていても不思議はありません。それが驚くべきことに、「深層学習」「強化学習」「探索」の基礎技術を組み合わせることで、とてもシンプルかつスマートで美しいアルゴリズムになっています。

　本書が、人工知能プログラミングを始めたい人の手助けとなり、そして多くの人に「AlphaZero」のアルゴリズムのエレガントさを感じていただければ幸いです。

　最後になりますが、ボーンデジタルの佐藤英一さん、絵を描いていただいた平澤誠治さん、そのほか協力してくれた方々、ありがとうございました。

布留川 英一

本書の構成

　本書は、2017 年 12 月に英国 DeepMind 社が発表した「AlphaZero」の論文にある機械学習アルゴリズムをベースに、人工知能プログラミングを学ぶための書籍です。掲載したプログラムは著者が独自に実装したもので、「囲碁」「将棋」といった大規模なものではなく、よりシンプルな「リバーシ」などの「二人零和有限確定完全情報ゲーム」に応用して、実際に試してみることができます。

　開発言語としては「Python」を使っており、2 章で Python の基本的な文法について簡単に整理しています。ただし、Python の初心者の方は、先に別な入門書などをお読みいただくことをお勧めします。

　本書は、これから機械学習をはじめる方でも学べるように、1 章で「機械学習の概要」も整理していますが、AlphaZero の手法を解説する書籍のため、一般的な AI（人工知能）や機械学習に関する汎用的な解説はしていません。そちらも知りたい方は、専門の書籍を参照してください。

　以降で、各章の概要を紹介します。6 ページには、これらを「本書のロードマップ」として整理していますので、そちらも合わせて参照してください。

● 1 章 AlphaZero と機械学習の概要

　英国 DeepMind 社の「AlphaGo」は、囲碁のプロ棋士を破ったことで大きな話題となりましたが、そこから「AlphaZero」に至るまでの歴史と、AlphaZero で使われている機械学習の概要を解説します。

　AlphaZero では、機械学習の基盤技術として「深層学習」「強化学習」「探索」が使われています。その詳細は 3 章〜 5 章で、サンプルプログラムを使いながら解説していきますが、この章の概要を把握しておくことで、読み進めやすくなります。

● 2 章 Python の開発環境の準備

　この章では、Python の開発環境をセットアップし、次章以降でサンプルプログラムを動かすための環境を整備します。

　機械学習を効率よく進めるためには、マシンリソースが必要になりますが、本書では Google が無償で提供しているクラウド上のオンラインサービス「Google Colaboratory」を使います。これにより Web ブラウザがあれば、プログラム開発と推論モデル制作のための学習が可能になります。

　また、この章の最後には、Python の文法をコンパクトにまとめてあります。

● 3 章 深層学習

　AlphaZero を構成する機械学習アルゴリズムの 1 つである「深層学習」を、サンプルを作り実行しながら、ステップ・バイ・ステップで学んでいきます。

　最初に、「分類」と「回帰」のためのニューラルネットワークの作り方を紹介し、さらに複雑な問題を解決するための「畳み込みニューラルネットワーク」と「ResNet（Residual Network）」を使った分類モデルを解説します。

　また最後に、深層学習をより高速に行うために「TPU」を使うための方法も取り上げます。

● 4 章 強化学習

　AlphaZero を構成する機械学習アルゴリズムの 1 つである「強化学習」を、サンプルを作り実行しながら、ステップ・バイ・ステップで学んでいきます。

最初に「多腕バンディット問題」（スロットマシン）を取り上げ、シンプルな題材で強化学習の基本を学びます。さらに、迷路ゲームを例に「方策勾配法」（「方策反復法」の1つ）と、「価値反復法」として「Sarsa」と「Q学習」の2つのアルゴリズムを紹介します。

AlphaZeroでは、深層学習と強化学習を組み合わせた「DQN（deep Q-network）」が使われており、こちらもサンプルを作りながら解説します。

● 5章 探索

AlphaZeroを構成する機械学習アルゴリズムの1つである「探索」を、サンプルを作り実行しながら、ステップ・バイ・ステップで学んでいきます。これは、主に「二人零和有限確定完全情報ゲーム」で使われる手法になります。

この章では、はじめに探索の基礎になる「ミニマックス法」と「アルファベータ法」について解説します。ただし、局面が多いゲームでは、これらの手法は実際には使えないため、部分ゲーム木を作るための手法として「原始モンテカルロ探索」を紹介します。AlphaZeroでは、さらにそれを改良した「モンテカルロ木探索」が使われています。

この章では「三目並べ」を使い、これらのすべてのアルゴリズムを試しながら学んでいきます。

● 6章 AlphaZeroの仕組み

3章〜5章で解説した「深層学習」「強化学習」「探索」の知識を使い、AlphaZeroの手法で「三目並べ」を攻略します。この章でも、小さなサンプルを作り動作を確認しながら、最終的にAlphaZeroの人工知能プログラムを完成させます。

「デュアルネットワーク」や「セルフプレイ」（自己対戦）、「過去最強AIと最新AIを対戦させて強いAIを残す」など、新しい考え方も出てきますが、これまでの知識がベースになりますので、前の章も参照しながら読み進めてください。

● 7章 人間とAIの対戦

この章ではAlphaZeroから離れ、「三目並べ」を人間とAIで対戦できるように、ゲームUIの作り方を解説します。これまではクラウド上の「Google Colaboratory」でサンプルの作成と実行を行ってきましたが、ゲームUIはクラウド上では実行できないので、ローカルPC上にPythonの開発環境を構築します。

また、ここではゲームUIを制作するためのパッケージとして、Python3に標準でバンドルされている「Tkinter」を使用するので、その基本的な使い方についても紹介しています。

● 8章 サンプルゲームの実装

本書の最後に、これまでの解説を踏まえて、「コネクトフォー」「リバーシ」「簡易将棋」の3つのゲームを作ってみます。これらは、すべて「二人零和有限確定完全情報ゲーム」になります。

ここでのポイントは、6章で「三目並べ」として作ったAlphaZeroのプログラムは、ゲームのルールやUI部分を除き、一部をカスタマイズするだけで、ほぼそのまま利用できるということです。

学習時間にもよりますが、人間とAIで実際に対戦してみて、どのぐらい強いAIができるのかを確認してみましょう。

本書のロードマップ

　本書のロードマップは、次のとおりです。はじめに「AlphaZeroと機械学習の概要」および「開発環境の準備」と「Pythonの文法」を解説した後、「深層学習」「強化学習」「探索」をそれぞれ学び、その知識を使って、AlphaZeroベースのゲームAIの作成を行います。

　なお以下の図では、章および節のタイトルは、マップがわかりやすいように変更しています。

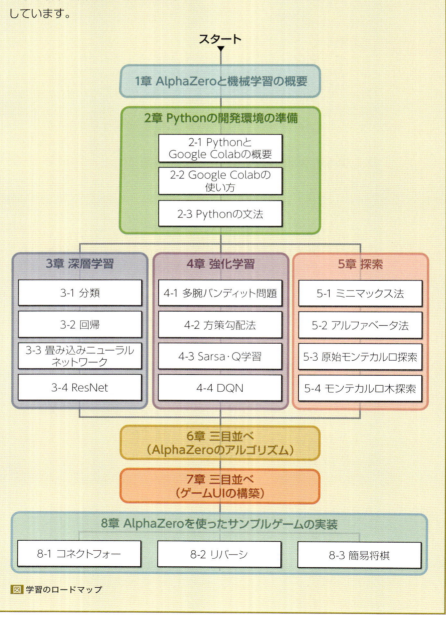

図 学習のロードマップ

サンプルプログラム一覧

章	節	ファイル名／フォルダ名
2章 Pythonの 開発環境の準備	2-2 Google Colabの使い方	2_2_hello_colab.ipynb
	2-3 Pythonの文法	2_3_python.ipynb
3章 深層学習	3-1 ニューラルネットワークで分類	3_1_classification.ipynb
	3-2 ニューラルネットワークで回帰	3_2_regression.ipynb
	3-3 畳み込みニューラルネットワークで画像分類	3_3_convolution.ipynb／3_3_convolution_tpu.ipynb
	3-4 ResNet(Residual Network)で画像分類	3_4_resnet.ipynb／3_4_resnet_tpu.ipynb
4章 強化学習	4-1 多腕バンディット問題	4_1_bandit.ipynb
	4-2 方策勾配法で迷路ゲーム	4_2_policy_gradient.ipynb
	4-3 SarsaとQ学習で迷路ゲーム	4_3_sarsa_q.ipynb
	4-4 DQN(deep Q-network)でCartPole	4_4_dqn_cartpole.ipynb
5章 探索	5-1 ミニマックス法で三目並べ	5_1_mini_max.ipynb
	5-2 アルファベータ法で三目並べ	5_2_alpha_beta.ipynb
	5-3 原始モンテカルコ探索で三目並べ	5_3_mcs.ipynb
	5-4 モンテカルロ木探索で三目並べ	5_4_mcts.ipynb
6章 AlphaZeroの 仕組み	6-1 AlphaZeroで三目並べ	6_7_tictactoeフォルダ
	6-2 デュアルネットワークの作成	
	6-3 モンテカルロ木探索の作成	
	6-4 セルフプレイ部の作成	
	6-5 パラメータ更新部の作成	
	6-6 新パラメータ評価部の作成	
	6-7 ベストプレイヤーの評価	
	6-8 学習サイクルの実行	
7章 人間とAIの対戦	7-2 TkinterでGUI作成	7_tkinterフォルダ
	7-3 人間とAIの対戦	6_7_tictactoeフォルダ
8章 サンプルゲームの 実装	8-1 コネクトフォー	8_1_connect_fourフォルダ
	8-2 リバーシ	8_2_reversiフォルダ
	8-3 簡易将棋	8_3_simple_shogiフォルダ

サンプルプログラムの利用について

　本書に掲載したサンプルプログラムは、本書の学習のために作成したもので、実用を保証するものではありません。学習用途以外ではお使いいただけませんので、ご注意ください。また、サンプルプログラムに同梱されたデータなども、本書の学習用途でのみ利用できます。なお、本書に掲載したプログラムの著作権は、すべて著者に帰属します。

　本文中で、Webサイトから機械学習用のデータをダウンロードして利用している場合がありますが、利用にあたっては利用許諾をご確認の上、使用してください。

CONTENTS

はじめに	003
本書の構成	004
サンプルプログラム一覧	007

1章 AlphaZero と機械学習の概要　018

1-1 「AlphaGo」と「AlphaGo Zero」と「AlphaZero」　019
AlphaGo　019
AlphaGo Zero　021
AlphaZero　021

1-2 深層学習の概要　023
深層学習とは　023
ニューロンとニューラルネットワーク　024
モデル作成と学習と推論　027
教師あり学習と教師なし学習と強化学習　029
畳み込みニューラルネットワークとリカレントニューラルネットワーク　030
本書で紹介する内容　032

1-3 強化学習の概要　033
強化学習とは　033
強化学習の用語　033
強化学習の学習サイクル　035
方策を求める手法　036
本書で紹介する内容　036

1-4 探索の概要　037
探索とは　037
完全ゲーム木と部分ゲーム木　038
本書で紹介する内容　038

2章 Python の開発環境の準備　040

2-1 Python と Google Colab の概要　041
Python と機械学習ライブラリ　041
Python の開発環境「Google Colab」　041
Google Colab の制限　043

008

2-2	**Google Colab の使い方**	045

Google Colab をはじめる 045
Google Colab のメニューとツールバー 048
コードの実行 049
コードの停止 049
テキストの表示 050
ノートブックの保存 051
すべてのランタイムをリセット 051
GPU・TPU の利用 051
ファイルのアップロード 052
ファイルのダウンロード 053
Google Drive のマウント 054
パッケージの一覧 054

2-3	**Python の文法**	056

文字列の表示 056
変数と演算子 056
文字列 058
リスト 059
辞書 060
タプル 061
制御構文 061
関数と lambda 式 063
クラス 064
パッケージのインポートとコンポーネントの直接呼び出し 065

3 章 　深層学習 　068

3-1	**ニューラルネットワークで分類**	069

分類とは 069
数字のデータセット「MNIST」 069
パッケージのインポート 069
データセットの準備と確認 070
データセットの前処理と確認 072
モデルの作成 073
コンパイル 078
学習 080
グラフの表示 081
評価 082
推論 083

3-2　ニューラルネットワークで回帰 ... 084
回帰とは ... 084
住宅情報のデータセット「Boston house-prices」 ... 084
パッケージのインポート ... 085
データセットの準備と確認 ... 085
データセットの前処理と確認 ... 087
モデルの作成 ... 088
コンパイル ... 088
学習 ... 089
グラフの表示 ... 090
評価 ... 091
推論 ... 091

3-3　畳み込みニューラルネットワークで画像分類 ... 092
畳み込みニューラルネットワークで画像分類の概要 ... 093
写真のデータセット「CIFAR-10」 ... 092
畳み込みニューラルネットワークとは ... 093
パッケージのインポート ... 095
データセットの準備と確認 ... 095
データセットの前処理と確認 ... 097
モデルの作成 ... 097
コンパイル ... 099
学習 ... 099
モデルの保存と読み込み ... 099
グラフの表示 ... 100
評価 ... 100
推論 ... 100
TPU の利用 ... 101

3-4　ResNet（Residual Network）で画像分類 ... 104
ResNet（Residual Network）で画像分類の概要 ... 104
ResNet（Residual Network）とは ... 104
パッケージのインポート ... 107
データセットの準備と確認 ... 107
データセットの前処理と確認 ... 107
Functional API の利用 ... 108
モデルの作成 ... 108
コンパイル ... 114
ImageDataGenerator の準備 ... 114
LearningRateScheduler の準備 ... 115
学習 ... 115
モデルの保存 ... 116
グラフの表示 ... 116
評価 ... 117
推論 ... 118

| 4 章 | 強化学習 | 120 |

4-1 多腕バンディット問題 121
多腕バンディット問題とは 121
探索と利用 122
探索と利用のバランスを取る手法 122
パッケージのインポート 123
スロットのアームの作成 123
ε-greedy の計算処理の作成 124
UCB1 の計算処理の作成 126
シミュレーションの実行 128
シミュレーションの実行とグラフ表示 129

4-2 方策勾配法で迷路ゲーム 131
方策勾配法での迷路ゲームを解く 131
方策勾配法の学習手順 132
パッケージのインポート 133
迷路の作成 133
パラメータ θ の初期値の準備 135
パラメータ θ を方策に変換 135
パラメータ θ の初期値を方策に変換 136
方策に従って行動を取得 137
行動に従って次の状態を取得 137
1 エピソードの実行 137
1 エピソードの実行と履歴の確認 138
パラメータ θ の更新 138
エピソードを繰り返し実行して学習 139
学習の実行結果 140
アニメーション表示 141

4-3 Sarsa と Q 学習で迷路ゲーム 142
Sarsa と Q 学習で迷路ゲームを解く 142
収益と割引報酬和 143
行動価値関数と状態価値関数 143
ベルマン方程式とマルコフ決定過程 145
価値反復法の学習手順 146
パッケージのインポート 147
迷路の作成 147
ランダム行動の準備 147
行動に従って、次の状態を取得 148
行動価値関数の準備 149
ランダムまたは行動価値関数に従って、行動の取得 149
Sarsa による行動価値関数の更新 149

Q 学習による行動価値関数の更新	151
1 エピソードの実行	151
エピソードを繰り返し実行して学習	152
学習の実行結果	153
アニメーション表示	153

4-4 DQN（deep Q-network）で CartPole 155

DQN で CartPole を解く	155
ニューラルネットワークの入力と出力	157
DQN の 4 つの工夫	159
パッケージのインポート	160
パラメータの準備	160
行動評価関数の定義	161
経験メモリの定義	161
環境の作成	162
main-network と target-network と経験メモリの作成	163
学習の開始	163
1 エピソードのループ	164
行動価値関数の更新	165
エピソード完了時	166
学習の実行結果	168
ディスプレイの設定	169
アニメーションフレームの作成	170
アニメーションフレームをアニメーションに変換	170

5 章 探索 174

5-1 ミニマックス法で三目並べ 175

ミニマックス法とは	175
三目並べの作成	176
ランダムで行動選択	179
ランダムとランダムで対戦	179
ミニマックス法で状態価値の計算	180
ミニマックス法で行動選択	181
ミニマックス法とランダムで対戦	182

5-2 アルファベータ法で三目並べ 183

アルファベータ法とは	183
三目並べの作成	184
ミニマックス法で状態価値の計算	184
アルファベータ法で状態価値の計算	184
アルファベータ法で行動選択	186

アルファベータ法とミニマックス法の対戦 ……………………………… 186

5-3　原始モンテカルロ探索で三目並べ………………………………… 188

原始モンテカルロ探索とは ………………………………………………… 188

三目並べの作成 ……………………………………………………………… 188

ランダムで状態価値計算 …………………………………………………… 189

アルファベータ法で状態価値計算 ………………………………………… 189

プレイアウト ………………………………………………………………… 189

原始モンテカルロ探索で行動選択 ………………………………………… 190

原始モンテカルロ探索とランダムおよびアルファベータ法の対戦 ……… 190

5-4　モンテカルロ木探索で三目並べ…………………………………… 192

モンテカルロ木探索とは …………………………………………………… 192

三目並べの作成 ……………………………………………………………… 197

ランダムで状態価値計算 …………………………………………………… 198

アルファベータ法で状態価値計算 ………………………………………… 198

モンテカルロ木探索の行動選択 …………………………………………… 198

モンテカルロ木探索とランダムおよびアルファベータ法の対戦 ………… 201

6章　AlphaZero の仕組み
204

6-1　AlphaZero で三目並べ……………………………………………… 205

AlphaZero での「三目並べ」の概要 ……………………………………… 205

AlphaZero の強化学習サイクル …………………………………………… 206

サンプルのソースコード一覧 ……………………………………………… 208

ゲーム状態の準備 …………………………………………………………… 208

動作確認の定義 ……………………………………………………………… 209

動作確認の実行 ……………………………………………………………… 209

6-2　デュアルネットワークの作成……………………………………… 211

デュアルネットワークの構成 ……………………………………………… 211

パッケージのインポート …………………………………………………… 213

パラメータの準備 …………………………………………………………… 213

畳み込み層の作成 …………………………………………………………… 214

残差ブロックの作成 ………………………………………………………… 214

デュアルネットワークの作成 ……………………………………………… 215

動作確認の定義 ……………………………………………………………… 217

動作確認の実行 ……………………………………………………………… 217

6-3　モンテカルロ木探索の作成………………………………………… 219

AlphaZero のモンテカルロ木探索 ………………………………………… 219

パッケージのインポート …………………………………………………… 220

パラメータの準備 …………………………………………………………… 220

013

推論 220
ノードのリストを試行回数のリストに変換 222
モンテカルロ木探索のスコアの取得 222
モンテカルロ木探索で行動選択 225
ボルツマン分布によるバラつきの付加 226
動作確認の定義 226
動作確認の実行 227

6-4　セルフプレイ部の作成 228
セルフプレイ部の作成の準備 228
パッケージのインポート 228
パラメータの準備 228
先手プレイヤーの価値 229
学習データの保存 229
1 ゲームの実行 229
セルフプレイの実行 230
動作確認の定義 231
動作確認の実行 231

6-5　パラメータ更新部の作成 233
パラメータ更新部の作成の準備 233
パッケージのインポート 233
パラメータの準備 233
学習データの読み込み 233
デュアルネットワークの学習 234
動作確認の定義 236
動作確認の実行 237

6-6　新パラメータ評価部の作成 238
新パラメータ評価部の作成の準備 238
パッケージのインポート 238
パラメータの準備 238
先手プレイヤーのポイント 239
1 ゲームの実行 239
ベストプレイヤーの交代 239
ネットワークの評価 240
動作確認の定義 241
動作確認の実行 241

6-7　ベストプレイヤーの評価 242
ベストプレイヤーの評価の概要 242
パッケージのインポート 242
パラメータの準備 242
先手プレイヤーのポイント 243
1 ゲームの実行 243
任意のアルゴリズムの評価 243

	ベストプレイヤーの評価	244
	動作確認の定義	245
	動作確認の実行	245

6-8　学習サイクルの実行　246

学習サイクルの実行の概要	246
パッケージのインポート	246
学習サイクルの定義	246
学習サイクルの実行	247
学習の再開	248
TPU の利用	249
AlphaZero での「三目並べ」のまとめ	250

7 章　人間と AI の対戦　252

7-1　ローカルの Python 開発環境の準備　253

ゲーム UI 作成のための Python 実行環境	253
ローカルの Python 実行環境のインストール	253
パッケージのインストール	257
エディタの準備	258
スクリプトの記述から実行まで	258

7-2　Tkinter で GUI 作成　263

Tkinter とは	263
空の UI の作成	263
グラフィックの描画	265
イメージの描画	268
イベント処理	270

7-3　人間と AI の対戦　272

人間と AI の対戦の概要	272
パッケージのインポート	272
ベストプレイヤーのモデルの読み込み	272
ゲーム UI の定義と実行	273
人間と AI の対戦の実行	276

8章 サンプルゲームの実装　　278

8-1　コネクトフォー ………………………………………………………………… 279
コネクトフォーの概要 ……………………………………………………………… 279
コネクトフォーのデュアルネットワークの入力 ………………………………… 280
コネクトフォーの行動 ……………………………………………………………… 280
game.py（全更新） ………………………………………………………………… 281
dual_network.py（パラメータのみ更新） ……………………………………… 285
train_cycle.py（コードの一部削除） …………………………………………… 286
human_play.py（全更新） ………………………………………………………… 286
学習サイクルの実行 ………………………………………………………………… 290
人間と AI の対戦の実行 …………………………………………………………… 290

8-2　リバーシ ……………………………………………………………………… 291
リバーシの概要 ……………………………………………………………………… 291
リバーシのデュアルネットワークの入力 ………………………………………… 292
リバーシの行動 ……………………………………………………………………… 292
game.py（全更新） ………………………………………………………………… 293
dual_network.py（パラメータのみ更新） ……………………………………… 299
train_cycle.py（コードの一部削除） …………………………………………… 299
human_play.py（全更新） ………………………………………………………… 300
学習サイクルの実行 ………………………………………………………………… 304
人間と AI の対戦の実行 …………………………………………………………… 304

8-3　簡易将棋 ……………………………………………………………………… 305
簡易将棋の概要 ……………………………………………………………………… 305
簡易将棋のデュアルネットワークの入力 ………………………………………… 307
簡易将棋の行動 ……………………………………………………………………… 308
game.py（全更新） ………………………………………………………………… 309
dual_network.py（パラメータのみ更新） ……………………………………… 317
pv_mcts.py（デュアルネットワークの入力の変更） ………………………… 317
self_play.py（デュアルネットワークの入力の変更） ………………………… 318
train_cycle.py（コードの一部削除） …………………………………………… 318
human_play.py（全更新） ………………………………………………………… 318
学習サイクルの実行 ………………………………………………………………… 325
人間と AI の対戦の実行 …………………………………………………………… 325

Python の文法関連の索引 ……………………………………………………… 326
索引 ………………………………………………………………………………… 327

▶ コラム一覧

DeepMind 社とは 020
DeepMind 社が発表した最新の「AlphaFold」「AlphaStar」 022
ゲーム AI の歴史 039
Google Chrome ブラウザ 043
ホスト型ランタイムとローカルランタイム 044
古いパッケージのインストール 055
API リファレンス 066
本書で使っているパッケージのバージョン 067
TensorFlow に含まれる Keras と独立した Keras のパッケージ名 070
活性化関数の式とグラフ 075
訓練データと検証データとテストデータ 081
OpenAI Gym の環境 157
深層強化学習のライブラリ 172
Unity の機械学習フレームワーク「Unity ML-Agents」 173
本家の AlphaZero での新パラメータ評価部 207
AlphaZero と TPU 207
AlphaZero のリファレンス実装 210
本家の AlphaZero の囲碁の入力 213
本家の AlphaZero の囲碁のパラメータ 214
本家の AlphaZero のネットワーク構造 216
AlphaGo と Alpha（Go）Zero の比較 218
本家の AlphaZero の最適化関数 235
本家の AlphaZero の学習率 235
本家の AlphaZero のベストプレイヤーの交代 240
Google Colab のインスタンスを起動してからの時間 249
GPU 版の TensorFlow のインストール 261
Tkinter のウィジェット 264
Tkinter のイベント定数 271
TensorFlow の CPU の拡張命令の警告 277
引き分け条件 305

CHAPTER 1

AlphaZero と機械学習の概要

　この章では、「AlphaZero」で用いられる各種の機械学習アルゴリズムを実際に学んでいく前に、AlphaZero とそこで使われているさまざまな機械学習の手法の概要を解説します。また、機械学習や深層学習の一般的な話題にも触れていますが、簡単な紹介にとどめています。機械学習全般のより踏み込んだ内容について知りたい方は、ほかの書籍などを参照してください。

　AlphaZero は、英国 DeepMind 社が開発した「囲碁」「チェス」「将棋」を攻略する人口知能ですが、そのもとになった「AlphaGo」から、その歴史を振り返ってみます。そして、そのベースとなる「深層学習」「強化学習」について、そこで使われる用語や基礎知識を解説します。また、局面を先読みするための「探索」のベースとなる「ゲーム木」モデルも紹介します。

　本書を読み進めていく際には、この章の概要の解説と、「本書の構成」に示した「本書のロードマップ」を適宜参照してください。

▶ この章の目的

- DeepMind 社の「AlphaZero」の開発に至るまでの歴史を把握する
- AlphaZero のベースとなる「深層学習」「強化学習」の仕組みと概要、用語を理解する
- 局面の探索のもとになる「ゲーム木」のモデルを理解する

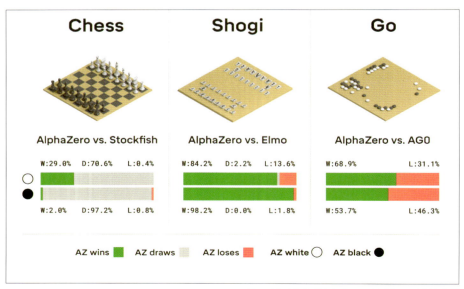

DeepMind 社の「AlphaZero」の Web ページより転載

1-1 「AlphaGo」と「AlphaGo Zero」と「AlphaZero」

はじめに、本書の主題である「AlphaZero」と、そのベースになった「AlphaGo」「AlphaGo Zero」の概要について紹介します。

AlphaGo

「AlphaGo」（アルファ碁）は、Google傘下の英国「DeepMind社」によって開発されたコンピュータ囲碁プログラムです。ハンディキャップなしで囲碁のプロ棋士を破った初めてのゲームAI（人工知能）になります。

2015年10月にヨーロッパ王者のファン・フイ二段、2016年3月に8回に渡って世界王者になった経歴を持つイ・セドル九段、2017年5月に人類最強棋士と呼ばれるカ・ケツ九段に勝利しました。

囲碁は、探索範囲の膨大さと局面評価の難しさから、AIにとって最も難しいクラシックゲームで、人間に勝つにはあと10年かかると言われていました。その囲碁で、AIが世界最強レベルの棋士を破ったことは、世界中に衝撃を与えました。

表 1-1-1 AlphaGoの戦績

年月	戦績
2015年10月	ヨーロッパ王者のファン・フイ二段に5戦5勝で勝利
2016年3月	8回に渡って世界王者になった経歴を持つイ・セドル九段に4勝1敗で勝利
2017年5月	人類最強棋士と呼ばれるカ・ケツ九段に3戦3勝で勝利

Match 3 - Google DeepMind Challenge Match: Lee Sedol vs AlphaGo
https://www.youtube.com/watch?time_continue=5772&v=qUAmTYHEyM8

図 1-1-1 Youtubeで公開されているイ・セドル九段との第3戦目の動画

「AlphaGo」のアルゴリズムは、旧来から使われている「モンテカルロ木探索」をベースとしており、この「探索」の「先読みする力」に、「深層学習」の局面から最善手を予測する「直感」と、「強化学習」の自己対戦による「経験」を組み合わせることで、人間を超える最強のAIを実現していました。

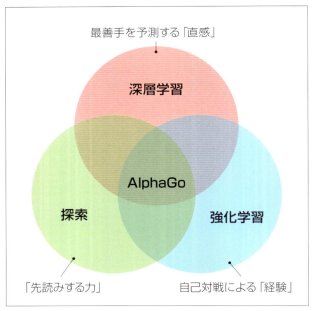

図 1-1-2 AlphaGoに使われた「探索」「深層学習」「強化学習」アルゴリズム

AlphaGoの論文「Mastering the Game of Go with Deep Neural Networks and Tree Search」
https://storage.googleapis.com/deepmind-media/alphago/AlphaGoNaturePaper.pdf

> COLUMN
>
> ### DeepMind社とは
>
> 「DeepMind社」は、2010年に創業したイギリスの人工知能の研究を行っている企業で、2014年にGoogleによって買収されています。
>
> 「DeepMind」のサイトには、「知性を解明し、世界をよりよくするためにそれを活用する」というミッションが掲げられており、1つのアルゴリズムでさまざまな種類のAtariゲームを攻略してみせた「DQN」(deep Q-network) や、人間のプロ囲碁棋士を初めて破った「AlphaGo」を発表するなど、大きな注目を集めています。
>
> **DeepMind**
> https://deepmind.com/

AlphaGo Zero

「AlphaGo」がイ・セドル九段に勝利した翌年の 2017 年 10 月、DeepMind は「AlphaGo」の新バージョン「AlphaGo Zero」（アルファ碁 Zero）を発表しました。「AlphaGo Zero」は、「AlphaGo」に 100 勝 0 敗で圧勝しました。

さらに驚くべきことに、「AlphaGo」で最善手の予測の学習に使われていた、プロ棋士の棋譜データを一切使わず、白紙状態から自己対戦のみで学習していました。

人間の熟練者のデータが不要になっただけでなく、人間の知識の限界によって制約されなかったことが、AI の強さに繋がったのです。

AlphaGo Zero の論文「Mastering the Game of Go without Human Knowledge」
https://deepmind.com/documents/119/agz_unformatted_nature.pdf

AlphaZero

「AlphaGo Zero」の発表からさらに 48 日後の 2017 年 12 月、DeepMind は「AlphaGo Zero」の改造バージョン「AlphaZero」を発表しました。「AlphaZero」は、囲碁だけでなくチェスや将棋も学習できるようにしたバージョンで、当時の囲碁とチェスと将棋のゲーム AI の世界チャンピオン「AlphaGo Zero」「StockFish」「Elmo」に勝利しました。

盤面の回転による学習データの水増しといった囲碁特有の学習法を排除し、さらにゲームの結果に引き分けを追加しました。チェスや将棋は盤面の向きによって意味が変わり、引き分けが存在するからです。

これによって、人間の熟練者のデータなしに、任意のタスクを学習するための「汎用 AI アルゴリズム」が実現しました。

AlphaZero の論文「A general reinforcement learning algorithm that masters chess, shogi and Go through self-play」
https://deepmind.com/documents/260/alphazero_preprint.pdf

COLUMN

DeepMind 社が発表した最新の「AlphaFold」「AlphaStar」

「AlphaZero」以降に「DeepMind」から発表された AI として、「AlphaFold」と「AlphaStar」があります。

AlphaFold

「AlphaFold」は、遺伝子配列情報からタンパク質の立体構造を予測する技術で、2018 年 12 月に発表されました。国際タンパク質構造予測コンテスト（CASP）で今までにない高ポイントで優勝したことで、大きなニュースになりました。

正確なタンパク質の立体構造を理解することは、アルツハイマー病、パーキンソン病の新薬開発にも大きな発展をもたらすと見られています。AI 技術が、新薬の開発にも有用であることを示しました。

AlphaFold: Using AI for scientific discovery
https://deepmind.com/blog/alphafold/

AlphaStar

「AlphaStar」は、リアルタイムストラテジーゲーム「スタークラフト 2」を攻略する AI です。2019 年 1 月、「AlphaStar」は「スタークラフト 2」のプロのトッププレイヤーと対戦し、10 勝 1 敗で勝利しました。

「スタークラフト 2」は、資源の生産とユニットの製造を行いながら勢力を広げる、陣取りゲームです。初代「スタークラフト」と合わせて 20 年以上の歴史を持ち、世界中で人気のゲームです。

囲碁は、「完全情報ゲーム」で「ターン制」で、行動数は 361（19 路盤の碁盤の交点の数）であるのに比べ、「スタークラフト 2」は、「不完全情報ゲーム」で「リアルタイム」で、行動数は約 10^{26} と、はるかに複雑性の高いゲームです。

「スタークラフト 2」のゲーム性は、商品の生産から販売といった企業戦略と類似しているため、AI 技術のビジネスへの応用も期待されています。

AlphaStar: Mastering the Real-Time Strategy Game StarCraft II
https://deepmind.com/blog/alphastar-mastering-real-time-strategy-game-starcraft-ii/

1-2 深層学習の概要

「深層学習」は、AlphaZeroだけでなく、画像認識、自然言語の翻訳など多くの分野で使われている「機械学習」の手法です。この節では、そのベースとなるニューラルネットワーク、そして学習の種類と学習プロセスについての概要を解説します。

深層学習とは

「深層学習」（Deep Learning）は、大量のデータの中から規則性を見つけ、分類や判断と言った推論のためのルールを機械に生成させる「機械学習」の手法の1つです。そして、「機械学習」は「人工知能」の研究分野の1つになります。

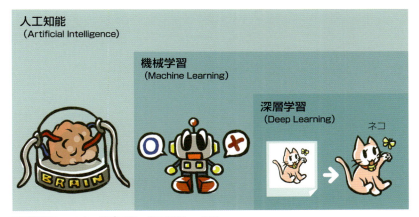

図 1-2-1 「人工知能」「機械学習」「深層学習」の関係

「機械学習」以前の人工知能は、予測や判断を行うためのルールをすべて人間が考える必要がありました。しかし、ルールを考える人間がその道のスペシャリストとは限らず、スペシャリストであったとしても、自分の感覚（行動評価）を正しくルールとして定義することは、とても難しい作業になります。

「ルールベース」と呼ばれるこの手法は、人の限界がそのまま人工知能の限界になっていました。

図 1-2-2 「ルールベース」では、人間がルールを考える必要がある

そこで登場したのが「機械学習」になります。「機械学習」は、コンピュータが大量のデータを分析し、そのデータに潜んでいる規則性や相互関係をはじめ、答えを導くためのルールを見つけ出してくれます。

機械学習は、明示的にプログラミングするのではなく、学習を行います。大量のデータと答えを与えると、機械学習はそれらから統計的な構造を抽出し、最終的にはタスクを自動化するためのルールを生成します。

図 1-2-3 「機械学習」では、データと答えからルールを導き出す

このルールを見つけ出すための手法の1つが「深層学習」になります。「深層学習」は、人間の脳内にある神経細胞「ニューロン」とその繋がりを参考にして作られた、「ニューラルネットワーク」と呼ばれるモデルを使って機械学習を行います。

「ニューラルネットワーク」は、「ネットワーク構造」と調整可能な「重みパラメータ」の2つの部分で構成されています。学習によって、「重みパラメータ」を最適化することで、データから答えを出力するルールを生成します。

ニューロンとニューラルネットワーク

ここでは、ニューロンとニューラルネットワークの概要を解説します。数式が出てきますが、数学の深い知識がなくても、概要の理解は可能です。

ニューロン

人間の脳内にある神経細胞は「ニューロン」と呼ばれます。図1-2-4は、「ニューロン」をモデル化したものです。「重みパラメータ」は、ニューロン同士の繋がりの強さを示します。

「ニューロン」は、x_1とx_2というデータが入力された時、「$x_1 * w_1 + x_2 * w_2$」が「閾値」よりも大きければ「1」、そうでなければ「0」という答えを出力します。

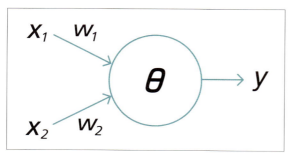

図 1-2-4 ニューロンの基本的な構造

表 1-2-1 ニューロンのパラメータ

パラメータ	説明
x_1、x_2	入力（データ）
y	出力（答え）
w_1、w_2	重みパラメータ
θ	閾値

ここで試しに、「$w_1 = 1.0$、$w_2 = 1.0$、$\theta = 1.5$」のように「重みパラメータ」と「閾値」を指定してみてください。ニューロンモデルの「重みパラメータ」と「閾値」を調整することによって、AND 関数（x_1 と x_2 の両方が 1 の時だけ 1）のルールを表現できることがわかります。

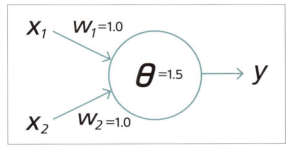

図 1-2-5 AND 関数を表すニューロン

表 1-2-2 AND 関数の入力と出力

x_1	x_2	y
0	0	0
1	0	0
0	1	0
1	1	1

「$x_1 * w_1 + x_2 * w_2$」を実際に計算してみると、次のようになります。

- 入力が「$x_1 = 0.0$、$x_2 = 0.0$」の時、「$0.0 * 1.0 + 0.0 * 1.0 = 0.0$」（閾値 1.5 以下）で、出力は「0」
- 入力が「$x_1 = 1.0$、$x_2 = 0.0$」の時、「$1.0 * 1.0 + 0.0 * 1.0 = 1.0$」（閾値 1.5 以下）で、出力は「0」
- 入力が「$x_1 = 0.0$、$x_2 = 1.0$」の時、「$0.0 * 1.0 + 1.0 * 1.0 = 1.0$」（閾値 1.5 以下）で、出力は「0」
- 入力が「$x_1 = 1.0$、$x_2 = 1.0$」の時、「$1.0 * 1.0 + 1.0 * 1.0 = 2.0$」（閾値 1.5 以上）で、出力は「1」

ニューロンのモデルは、学習時に「重みパラメータ」だけでなく、「閾値」の最適化も

行います。脳内にある「閾値」は脳細胞の感度のようなもので基本的に変化しないので、学習で最適化する時は「閾値」のことを、偏らせるの意味を含めて「バイアス」と呼びます。

ニューラルネットワーク

「ニューロン」は、それ単体では複雑な問題を解くことはできません。そのため、図1-2-6のように「ニューロン」を並べて「層」を作り、さらにその層を積み重ねて、より複雑な問題を扱うことができる「ニューラルネットワーク」を作成します。

ニューラルネットワークの層のうち、最初にある入力を受け付ける層を「入力層」、最後にある出力を行う層を「出力層」、入力層と出力層の間に位置する層を「隠れ層」と呼びます。入力層のニューロンの数が入力（データ）の数、出力層のニューロンの数が出力（答え）の数になります。

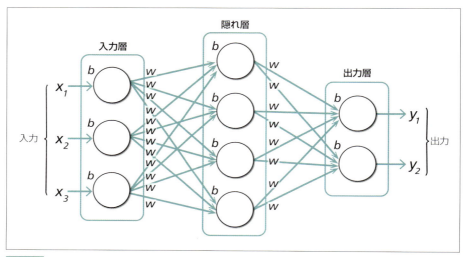

図1-2-6 ニューラルネットワークの基本的な構造

表1-2-3 ニューラルネットワークのパラメータ

パラメータ	説明
x_1、x_2、x_3	入力（データ）
y_1、y_2	出力（答え）
w	重みパラメータ
b	バイアス

隠れ層は複数作成することが可能で、層が4層以上の深いニューラルネットワークを「ディープニューラルネットワーク」と呼びます。

「深層学習」以前は、4層以上の「ニューラルネットワーク」は、技術的な問題によって十分学習できず、性能も不十分でした。しかし近年、多層のニューラルネットワークでもうまく学習できる手法が次々に発明され、「深層学習」は爆発的に普及しました。

さらに、学習に必要な計算機の能力向上や、インターネットの広がりによる学習データ収集の容易化も、それを後押ししました。

モデル作成と学習と推論

「深層学習」には、「モデル作成」と「学習」と「推論」の3つのプロセスがあります。

モデル作成

「モデル作成」では、ニューラルネットワークの「ネットワーク構造」を作成するプロセスです。入力層の入力の数、出力層の出力の数、隠れ層の数、層の種類など、用途に合わせて設計します。

学習前は、「ニューロン」は正しい「重みパラメータ」と「バイアス」がわかっていないため、0や乱数などで初期化します。この状態のモデルに「テストデータ」を与えても、正しい答えは出力されません。

学習

「学習」は、「学習データ」の入力に応じて、適切な「予測値」を出力するように、「重みパラメータ」と「バイアス」を最適化するプロセスです。これには、大量の「学習データ」と「答え」のセットを使います。

動物の写真からネコとイヌのどちらかであるかを分類する学習の場合、「学習データ」は動物の写真、「答え」は「ネコ」と「イヌ」のどちらであるかになります。正解は1.0、不正解は0.0となります。

はじめに、モデルに「学習データ」を入力し、「予測値」を出力します。「予測値」は「答え」を正解と予測した確率で、「ネコ：40%、イヌ：60%」と予測した場合は、「ネコ：0.4、イヌ：0.6」になります。そして、この「予測値」と「答え」の差を計算します。

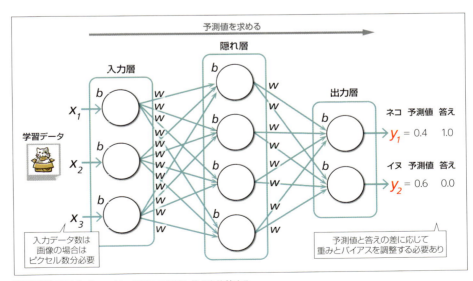

図 1-2-7 学習プロセスでは、最初に予測値と答えを比較する

次に、「予測値」と「答え」の差を小さくするように、「誤差逆伝播法」という方法で「重

みパラメータ」と「バイアス」を更新します。

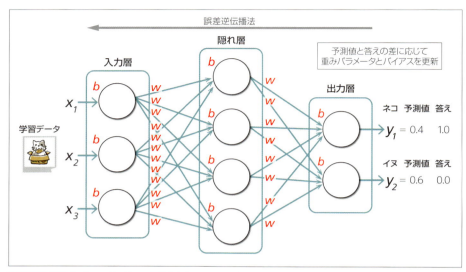

図 1-2-8 学習プロセスでは、続いて最適化を行いパラメータを更新する

これを繰り返すことで、「予測値」と「答え」の差を徐々に減らしていき、最終的には、「学習データ」の入力に応じて、適切な「予測値」を出力するモデルになります。

推論

モデルの学習が完了したら、「テストデータ」をモデルに入力して推論を行います。「予測値」が一番高いものを「答え」に違いないと推論します。

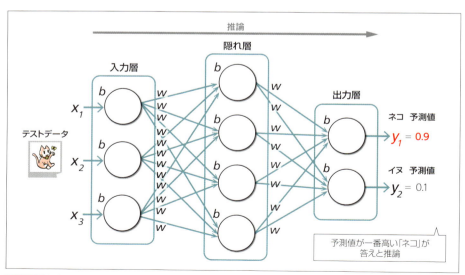

図 1-2-9 推論プロセスで、学習されたモデルを確認する

教師あり学習と教師なし学習と強化学習

「機械学習」の学習方法にはいくつか種類があり、代表的なものとして「教師あり学習」「教師なし学習」「強化学習」があります。

教師あり学習

「教師あり学習」とは、入力と出力の関係を学習する手法です。予測のもととなる「正解データ」と、学習に使用する「学習データ」をセットで学習させることによって、入力されたデータに対して予測を出力する推論モデルを生成します。

「教師あり学習」は、主に「分類」「回帰」の2つに分かれます。

◎分類

「分類」は、複数の特徴データをもとに、「クラス」(データの種類)を予測するタスクです。予測するクラス数が2クラスの場合、「2クラス分類」と呼ばれています。2クラスより多い分類については、「多クラス分類」と呼ばれています。

例としては、任意の写真を見て、ネコとイヌのどちらであるかを予測するタスクが挙げられます。クラスは「ネコ」と「イヌ」の2つとなる「2クラス分類」になります。

図 1-2-10 分類モデルの例

◎回帰

「回帰」は、複数の特徴データをもとに、連続値などの「数値」を予測するタスクです。例としては、広告予算の増加による商品の売り上げの増加を予測するタスクが挙げられます。

図 1-2-11 回帰モデルの例

「分類」と「回帰」の違いは、「分類」が「レストランが好きか嫌いか」という属する「クラス」(好き、嫌い)を予測するのに対し、「回帰」は「レストランに月に何回行くか」という「数値」(0回、1回、2回…)を予測する点になります。

教師なし学習

「教師なし学習」とは、データの構造を学習する手法です。学習データのみで学習させることによって、学習データに含まれた潜在的なパターンを見つけ出す推論モデルを生成します。この推論モデルを利用することで、「クラスタリング」によるデータ分析が可能になります。

◎クラスタリング

「クラスタリング」は、学習データのパターンを見つけ出し、似たパターンを持つ性質の近いデータ同士をまとめる手法です。オンラインショッピングの類似購買者のグルーピングなどがこれにあたります。

図 1-2-12 クラスタリングモデルの例

強化学習

「強化学習」とは、「エージェント」が「環境」の「状態」に応じて、どのように「行動」すれば「報酬」を多くもらえるかを求める手法です。「教師あり学習」や「教師なし学習」と違い、学習データなしに自身の試行錯誤のみで学習するのが特徴です。

強化学習について、詳しくは次節「1-3 強化学習の概要」で解説します。

図 1-2-13 強化学習モデルの例

畳み込みニューラルネットワークとリカレントニューラルネットワーク

「ニューラルネットワーク」には、問題に応じて特性の異なるモデルがいくつか存在し、代表的なものとして「畳み込みニューラルネットワーク」と「リカレントニューラルネットワーク」があります。

畳み込みニューラルネットワーク (Convolutional Neural Network : CNN)

「畳み込みニューラルネットワーク」は、「畳み込み層」を使って特徴を抽出するニューラルネットワークで、画像認識の分野でより高い性能を発揮します。

このニューラルネットワークは多くの場合、「畳み込み層」と「プーリング層」を組み合わせて使います。「畳み込み層」で入力画像の特徴を維持しながら大幅に圧縮し、「プーリング層」で画像の局所的ゆがみや平行移動の影響を受けにくい頑強性を得ています。

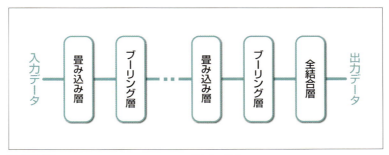

図 1-2-14 畳み込みニューラルネットワークの基本的な構造

「畳み込みニューラルネットワーク」は、2012年に画像認識の競技会「ILSVRC」でトロント大のヒントン教授らのチームが用いて優勝したことで注目を浴びました。この優勝の原動力となったニューラルネットワークは「AlexNet」と呼ばれています。

さらに、2014年にはGoogleが開発した「GoogLeNet」、2015年にはマイクロソフトが開発した「ResNet」が優勝しました。次々に新しいモデルが発表され、「畳み込みニューラルネットワーク」の性能は急激に向上しました。

表 1-2-4 「畳み込みニューラルネットワーク」のアルゴリズム

種類	AlexNet	GoogLeNet	ResNet
発表年	2012年	2014年	2015年
開発組織	トロント大	Google	マイクロソフト
エラー率	15.3%	6.7%	3.6%
層の数	8	22	152

リカレントニューラルネットワーク（Recurrent Neural Network：RNN）

「リカレントニューラルネットワーク」は、時系列を扱えるニューラルネットワークで、主に動画分類、自然言語処理、音声認識などに利用されます。

このニューラルネットワークの特徴は、隠れ層への自己フィードバックができる点にあります。たとえば、前時刻の層の出力を考慮して、現時刻の層の出力を計算したりできます。

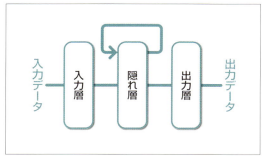

図 1-2-15 リカレントニューラルネットワークの基本的な構造

　このニューラルネットワークには、長時間前のデータを利用しようとすると、誤差消滅したり演算量が爆発するなどの問題があり、短時間のデータしか処理できないという問題がありました。
　最近ではこの問題を解消した、「LSTM」（Long Short-Term Memory）と呼ばれるリカレントニューラルネットワークが人気です。これにより、長期の時系列データを学習できるようになり、大きな成果を上げています。

本書で紹介する内容

　この節では、「深層学習」の概要を紹介しましたが、本書では深層学習の代表的なタスクとして「分類」と「回帰」を解説します。
　さらに、シンプルな畳み込みニューラルネットワークを説明した後、高性能な「ResNet」を紹介します。「AlphaZero」では「ResNet」が使われています。

本書で解説する深層学習のモデル
- 分類
- 回帰
- 畳み込みニューラルネットワーク
- ResNet

1-3 強化学習の概要

主にデータ分析に使われる「教師あり学習」「教師なし学習」とは異なり、与えられた環境のなかで戦略的な行動を採るための分析を行うのが「強化学習」になります。AlphaZeroで、次の局面を選択する際のベースとして使われています。ここでは、強化学習の概要を解説します。

強化学習とは

「強化学習」(Reinforcement learning)は、「エージェント」が「環境」の「状態」に応じてどのように「行動」すれば「報酬」を多くもらえるかを求める手法です。「教師あり学習」や「教師なし学習」と違い、学習データなしに自身の試行錯誤のみで学習するのが特徴です。

強化学習の用語

はじめに、「無人島に漂着した人」を例に、強化学習の用語について解説します。

エージェントと環境

「強化学習」では、行動する主体を「エージェント」、エージェントがいる世界を「環境」と呼びます。

今回の例では、漂着した人が「エージェント」、無人島が「環境」になります。「エージェント」は、「歩き回る」や「水を飲む」など、「環境」への働きかけを通して、探索しながら生き延びる方法を探します。

行動と状態

エージェントが環境に行う働きかけを「行動」と呼びます。エージェントはさまざまな行動を採ることができますが、どの行動を採るかによって、その後の状況が変わります。たとえば、「どの方向に歩くか」によって見えるものや、できることは大きく変わります。エージェントの行動によって変化する環境の要素を「状態」と呼びます。

今回の例では、移動や休むなどの人の行動が「行動」、人の現在位置などが「状態」になります。

報酬

同じ「行動」でも、どの「状態」で実行するかによって、結果は大きく変わります。たとえば、同じ「水を飲む」という行動でも、山道で湧き水を飲めば体力が回復しますが、海岸で海水を飲むと脱水症状になります。強化学習では、行動の良さを示す指標として「報

酬」を使います。

今回の例では、湧き水を飲むとプラス報酬、海水を飲むとマイナス報酬になります。

方策

「強化学習」では、現在の「状態」に応じて、次の「行動」を決定します。この次の「行動」を決定するための戦略、具体的には「ある状態である行動を行う確率」を方策と呼びます。「強化学習」の目的は、多くの「報酬」を得られる「方策」を求めることになります。

即時報酬と遅延報酬

エージェントは、基本的に報酬がたくさんもらえる行動を選べばよいのですが、行動直後に発生する報酬にこだわると、あとで発生するかもしれない大きな報酬を見逃してしまいます。

たとえば、周囲を探索すると体力が消耗するため、休んだほうが報酬は高いですが、探索した結果、食料発見という大きな報酬が発生する可能性もあります。

行動直後に発生する報酬を「即時報酬」、あとで遅れて発生する報酬を「遅延報酬」と呼びます。

収益と価値

「強化学習」では、即時報酬だけでなく、あとで発生するすべての遅延報酬を含めた報酬和を最大化することが求められます。これを「収益」と呼びます。

「報酬」が環境から与えられるものなのに対し、「収益」は最大化したい目標としてエージェント自身が設定するものになります。そのため、エージェントの考え方によって収益の計算式は変わってきます。たとえば、より遠くの未来の報酬を割引した報酬和である「割引報酬和」は収益の計算によく使われます。

しかし、「収益」はまだ発生していない未来の出来事のため不確定です。そこで、エージェントの「状態」と「方策」を固定した場合の条件付き「収益」を計算します。これを「価値」と呼びます。この「価値」が大きくなる条件を探し出せれば、学習できていることになります。

「価値の最大化」が、「収益の最大化」に繋がり、さらには「多くの報酬をもらえる方策」という強化学習の目的に繋がります。

図 1-3-1 強化学習の目的

用語がたくさん出てきたので、以下にまとめておきます。

表 1-3-1 強化学習の用語

用語	説明	無人島に漂着した人の例
エージェント	環境に対して行動を起こす主体	漂着した人
環境	エージェントがいる世界	無人島
行動	エージェントがある状態において採ることができる行動	移動や休むなどの人の行動
状態	エージェントの行動に応じて更新される環境が保持する状態	人の現在位置などの状態
報酬	エージェントの行動に対する環境からの評価	生存確率の上昇に即した評価
方策	エージェントが行動を決定する原理	人の戦略
即時報酬	行動直後に発生する報酬	休むと体力回復
遅延報酬	遅れて発生する報酬	探索により食料発見
収益	即時報酬だけでなく、あとに得られるすべての遅延報酬を含めた報酬和	―
価値	エージェントの状態と方策を固定した場合の条件付きの収益	―

強化学習の学習サイクル

強化学習の学習サイクルの流れは、次のとおりです。

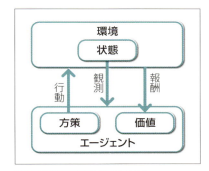

図 1-3-2 強化学習の学習サイクル

01 エージェントは、最初は何をすべきか判断できないため、採れる「行動」の中からランダムに決定する

02 エージェントは「報酬」がもらえた時に、どのような「状態」でどのような「行動」をしたら、どの程度「報酬」がもらえたかという経験を記憶する

03 経験に応じて「方策」を求める

04 ランダムな動きは残しつつ、「方策」を手がかりに「行動」を決定する

05 ②～④を繰り返して、将来的（ゲーム終了時まで）に多くの報酬を得られる「方策」を求める

この学習サイクルは、「マルコフ決定過程」と呼ばれます。「マルコフ決定過程」は、「次の状態」が「現在の状態」と採った「行動」によって確定するシステムを意味します。
また「強化学習」では、ゲーム終了までの学習1回分を「1エピソード」、行動1回分を「1

ステップ」と呼びます。

方策を求める手法

「強化学習」の方策を求める手法には、大きく分けて「方策反復法」と「価値反復法」の2つがあります。

図 1-3-3 方策を求める手法の種類

方策反復法

「方策」に従って行動し、成功時の行動は重要と考え、その行動を多く取り入れるように「方策」を更新する手法を「方策反復法」と呼びます。そして、この「方策反復法」を利用したアルゴリズムの1つが「方策勾配法」になります。

価値反復法

「価値反復法」は、次の状態価値と今の状態価値の差分を計算し、その差分だけ今の状態価値を増やすような手法です。この「価値反復法」を利用したアルゴリズムが「Sarsa」と「Q学習」になります。

本書で紹介する内容

本書では、状態のないシンプルな強化学習「多腕バンディット問題」を解説した後、「方策勾配法」「Sarsa」「Q学習」「DQN」（deep Q-network）の4つの強化学習アルゴリズムを紹介します。

「AlphaZero」では、「強化学習」の自己対戦で「経験」を集める手法が採られています。

本書で解説する強化学習のモデル
- 多腕バンディット問題
- 方策勾配法
- Sarsa
- Q学習
- DQN（deep Q-network）

1-4　探索の概要

「囲碁」「チェス」「将棋」は完全情報ゲームで、局面という形でゲームに関する情報がすべて与えられており、双方が交互に手を打つことで、局面を動かしてゲームを進めていきます。最適な手を打つためには、以降の局面を探索して評価する必要があります。ここでは、探索のベースとなる「ゲーム木」について解説します。

探索とは

「探索」は、現在の局面を開始点として、数手先までどう展開するかを先読みし、展開先の局面の状態評価をもとに、現在の局面の最良の「次の一手」を選ぶ手法です。

「探索」では、局面の展開を表すために「ゲーム木」でモデル化します。

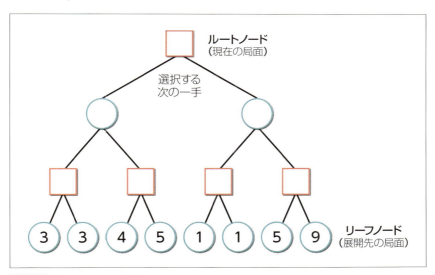

図 1-4-1　ゲーム木の基本的な構造

「ゲーム木」は、「局面」を「ノード」（図の丸と四角）で表し、「手」を「アーク」（丸と四角を結ぶ線）で表したツリー構造です。四角は自分の手番のときの局面（自局面）、丸は相手の手番のときの局面（相手局面）を表しています。

一番上のノードを「ルートノード」と呼び、現在の局面を表します。一番下のノードを「リーフノード」と呼び、展開先の局面を表します。図 1-4-1 で「リーフノード」に書かれている数字は、その局面で何らかの手段で算出した（詳細は 5 章で解説）自分に対しての状態評価を表します。

また、ゲーム木はノード関係を家族名称で呼びます。1 つ上のノードを「親ノード」、1 つ下のノードを「子ノード」、親ノードから見て自分以外の子ノードを「兄弟ノード」と

呼びます。

この図の「ゲーム木」を探索すると、以下のことがわかります。

- 9点が欲しさに右の手を選択すると、次の相手局面で左の手を選ばれてしまい、1点しか獲れない。
- 左の手を選択すると、最低でも3点を獲れる。

完全ゲーム木と部分ゲーム木

ゲームの開始時から選択できるすべての手を含んだゲーム木を「完全ゲーム木」と呼びます。これがあれば、絶対に負けない戦略を立てることが可能になります。しかし、「完全ゲーム木」のノードの数は膨大なため、実際には計算が不可能なことがほとんどです。

たとえばチェスの場合、任意の局面の合法手は平均35で、平均80手で勝負がつきます。そのためゲームの流れ（開始から終了までの選択ルート）の数は35^{80}、すなわち10^{120}になります。1つのゲームの流れの計算が「1e-10」秒（0.0000000001秒）と仮定しても、チェスの「完全ゲーム木」の計算に必要な時間は「3.17e+102」年（3170000000000.... と0が100個）と膨大になります。

「完全ゲーム木」は計算不可能なため、次善策として「部分ゲーム木」を使って戦略を立てる手法を使います。「部分ゲーム木」は、現在の局面から時間内に探索できる分だけを含んだゲーム木です。有用と思われるノードはできるだけ深く探索し、有用でないと思われるノードは途中で探索を打ち切ります。

「ゲームAI」の強さは、どれだけ効率よく質が高い「部分ゲーム木」を手に入れられるかにかかってきます。

本書で紹介する内容

本書では、「ミニマックス法」「アルファベータ法」「原始モンテカルロ探索」「モンテカルロ木探索」の4つの探索アルゴリズムを紹介します。

「AlphaZero」では、「モンテカルロ木探索」がベースになっています。

本書で解説する探索のアルゴリズム
- ミニマックス法
- アルファベータ法
- 原始モンテカルロ探索
- モンテカルロ木探索

COLUMN

ゲーム AI の歴史

1997 年、IBM のチェス専用のスーパーコンピュータ「DeepBlue」が、チェスの世界チャンピオンのガルリ・カスパロフに 2 勝 1 敗 3 分けで勝利しました。「アルファベータ法」と「手作りの評価関数」と「スーパーコンピュータによる計算能力」の組み合わせによる勝利になります。

しかし、囲碁は局面評価が複雑なため「評価関数」を作ることが難しく、囲碁初段レベルにとどまりました。

2006 年、「モンテカルロ木探索」という探索手法を使ったゲーム AI「Crazy Stone」が登場しました。「モンテカルロ木探索」は、大量のランダムシミュレーションを行い、その中から良い手を選ぶという手法で、「評価関数」なしに局面評価ができることが特徴となります。2012 年には、囲碁五段レベルと評価されるまで強くなりました。

2015 年、「モンテカルロ木探索」の「先読みする力」に、「深層学習」の最善手を予測する「直感」と、「強化学習」の自己対戦による「経験」を組み合わせたゲーム AI「AlphaGo」が登場しました。「AlphaGo」は、世界で初めて囲碁のプロ棋士を破るゲーム AI となりました。

表 ゲーム AI の歴史

年	AI	戦績	アルゴリズム
1997年	Deep Blue	チェスの世界チャンピオンのガルリ・カスパロフに2勝1敗3分けで勝利	・アルファベータ法 ・手作りの評価関数
2012年	Crazy Stone	囲碁五段レベルと評価される	・モンテカルロ木探索
2016年	AlphaGo	世界で初めて囲碁のプロ棋士を破るゲームAIとなる	・モンテカルロ木探索 ・深層学習 ・強化学習

CHAPTER 2

Pythonの開発環境の準備

　この章では、実際に機械学習のアルゴリズムを学んで行く前に、開発環境をセットアップしていきます。本書では、プログラミング言語として「Python」を選択しています。Pythonには、機械学習で使えるライブラリが多数あり、ユーザーも多いことから、書籍やWebなどでさまざまな情報を得ることができます。

　また、本書ではPythonの開発環境として、Googleが2017年末から教育や研究のために公開している「Google Colab」を使います。「Google Colab」は、クラウド上にあるオンラインサービスであることが大きな特徴で、これによりPythonや各種の機械学習用ライブラリのインストールやセットアップなどの手間をかけずに、Webブラウザがあればすぐに使い始めることができます。「Jupyter Notebook」がベースになっているので、すでにJupyter Notebookを使っている方は操作もわかりやすいでしょう。

　この章の最後には、Pythonの文法をコンパクトにまとめてあります。すでに知っている方は読み飛ばしていただき、Pythonに詳しくない方はざっと目を通して、次章に進んでください。

この章の目的

- 本書で使用する「Python」と開発環境の「Google Colab」の概要を理解する
- 実際にサンプルを使って操作を行い、「Google Colab」の具体的な使い方をマスターする
- 本書のプログラミングに使用するPythonの文法を確認しておく

「Google Colab」の公式Webサイトには、機能を紹介する動画や機械学習を学べるオンライン講座も用意されている

2-1 PythonとGoogle Colabの概要

機械学習を学んでいくためには、プログラミング言語と開発環境が必要です。本書で使っている「Python」とGoogleが提供している開発環境「Google Colab」の概要を紹介します。

Pythonと機械学習ライブラリ

本書では、プログラミング言語として「Python」を使います。

「Python」は、コードがシンプルで扱いやすく、少ないコード数で書けるといった特徴があります。さらには、非常に多くの機械学習向けのライブラリが存在するため、機械学習のプログラミング言語のデファクトスタンダードになっています。「TensorFlow」「Keras」「Chainer」「PyTorch」といった深層学習のライブラリの多くも、「Python」で利用できます。

本書では、そのなかで「TensorFlow」を使います。Kerasと同じAPIが用意されているため初心者にも優しく、「TPU」による高速な学習を行うこともできます。

表 2-1-1 深層学習のライブラリの特徴

ライブラリ	説明
Keras	深層学習をより簡単に利用するための最も初心者に優しいライブラリ。「Theano」や「TensorFlow」のようなテンソル（多次元配列）を高速計算するライブラリのラッパーとして生まれる。最近ではTensorFlowのパッケージの一部として組み込まれている
TensorFlow	Googleが実際にプロダクトを作成する際に利用している、世界一利用者の多いライブラリ。テンソル計算を行うためのライブラリとして生まれる。最も細かい調整ができる深層学習ライブラリと言える
Chainer	Preffered Networksによる日本発の深層学習ライブラリ。Define by Runという方式を採っており、ネットワークの記述と学習を同時に行える。入力に応じて計算グラフの変更が必要であることの多い自然言語処理の分野で重宝されている
PyTorch	Facebookによる深層学習ライブラリ。ChainerからフォークしたDefine by Runを採用しているため、Chainerと似ている。海外を中心にコミュニティが活発で人気急上昇中

Pythonの開発環境「Google Colab」

「Python」の開発環境はいろいろありますが、本書では「Google Colab」を使います。正式名称は「Google Colaboratory」ですが、長いので本書では略称の「Google Colab」で統一します。

「Google Colab」は、Googleが提供しているオンラインサービスです。人工知能のプログラミングというと、高性能なパソコンやサーバーの用意が必要というイメージがありますが、「Google Colab」ではその必要がありません。

「Google Colab」を使えば、Web ブラウザが使えるパソコン（Windows ／ Mac ／ Linux）とネットワーク環境さえあれば、誰でも簡単に人工知能のプログラミングを始めることができます。

Google Colab の利点

「Google Colab」の利点は、次の 3 つです。

（1）環境構築の必要がない

Python と機械学習のパッケージを自分で揃えるのは、初心者にとって少しハードルが高い作業です。「Google Colab」では、機械学習でよく使うパッケージはインストール済みのため、すぐに利用することができます。

もちろん必要なパッケージがあれば、自分でインストールすることも可能です。

（2）Jupyter Notebook のような操作性

「Jupyter Notebook」は、プログラムの実行結果を記録しながら、データ分析を行うことができるツールです。プログラム群とその記録を、「ノートブック」（拡張子は「*.ipynb」）と呼ばれるファイル単位で管理します。「Jupyter Notebook」は、数多くのユーザーが利用している人気の開発環境です。

「Google Colab」は、この「Jupyter Notebook」をベースに作られているため、「ノートブック」の互換性があり、操作性もほぼ同じになります。

（3）GPU と TPU が使える

機械学習の学習を行う際は、「GPU」「TPU」を使うことで、学習時間を大幅に短縮することができます。

「GPU」（Graphics Processing Unit）は、リアルタイム画像処理に特化した演算装置、「TPU」（Tensor Processing Unit）は、Google が開発した機械学習に特化した集積回路です。処理内容にもよりますが、「GPU」は「CPU」の 3 倍ほど、「TPU」はさらに 10 倍ほど高速になります。

「GPU」「TPU」を利用するには通常、高価な GPU マシンを購入したり、有料のクラウドサービスを利用する必要がありますが、「Google Colab」であれば無料で利用できます。

ノートブックとインスタンス

「Google Colab」の「ノートブック」は、「Google Drive」で作成します。「Google Drive」は、Google が提供するオンラインストレージサービスです。

作成した「ノートブック」を開くと、「Google Colab」の「インスタンス」が起動します。「インスタンス」はクラウド上の仮想サーバーのことです。Python のプログラムの実行を命令すると、「インスタンス」上で実行され、「ノートブック」上にその結果が出力されます。

図 2-1-1 ノートブックとインスタンスの関係

> **COLUMN**
>
> **Google Chrome ブラウザ**
>
> 　本書では、Google の Web ブラウザ「Google Chrome」を使って動作確認をしています。「Google Colab」を利用するための Web ブラウザは特に制約はありませんが、純正品のほうが安定していると思われます。
>
> | **Google Chrome**
> | https://www.google.co.jp/chrome/

Google Colab の制限

「Google Colab」には、次のような制限もあります。

- ストレージ：GPU なし、もしくは TPU ありは 40GB、GPU ありは 360GB
- メインメモリ：13GB RAM
- GPU メモリ：12GB
- １ノートブックのサイズ：最大 20MB
- 何も操作せずに 90 分経つとリセット（90 分ルール）
- インスタンスが起動してから 12 時間経つとリセット（12 時間ルール）

　特に重要なのが「90 分ルール」と「12 時間ルール」です。
　この条件を満たす場合、実行中のプログラムがあってもインスタンスはリセットします。リセットされると、実行中のプログラムが中断され、追加インストールしたパッケージや、インスタンス内に保存したデータが消えてしまいます。ただし、Google Drive に存在するノートブックは消えません。

「90 分ルール」の対策

　90 分ルールの対策としては、90 分経つ前に、ブラウザの再読込みボタンを押して、ノートブックを更新する方法が挙げられます。「Google Colab」では、ブラウザの再読込み

を行っても、実行中のプログラムは中断されません。

「12時間ルール」の対策

12時間ルールの対策としては、12時間経つ前に、インスタンス内に保存したデータを自分のパソコンや「Google Drive」に退避させる方法が挙げられます。

インスタンスのリセット後に退避させたデータを読み込むことで、学習を再開させることができます。

COLUMN

ホスト型ランタイムとローカルランタイム

「Google Colab」には、「ホスト型ランタイム」と「ローカルランタイム」の2つの接続方法があります。「ホスト型ランタイム」は、本文で解説した「Google Colab」の「インスタンス」に接続する通常の方法になります。

これに対して「ローカルランタイム」は、Google Drive にある「Google Colab」のノートブックから、自前のサーバーまたは有料のクラウドサービス（「Google Cloud Platform」など）にある「Jupyter Notebook」を起動し、そこに接続して利用する方法になります。これを利用することで、「90分ルール」や「12時間ルール」などの制限はなくなります。

図「ローカルランタイム」の場合のノートブックと「Jupyter Notebook」の関係

「Google Colab」のノートブックのツールバーの接続状態の「▼」メニューから、接続先を切り替えることができます。

図「ホスト型ランタイム」と「ローカルランタイム」の接続先の切り替えメニュー

詳しくは、以下のサイトを参照してください。

> Colaboratory － Google　ローカルランタイム
> https://research.google.com/colaboratory/local-runtimes.html?hl=ja

2-2 Google Colab の使い方

前節では、「Google Colab」の概要を解説しましたが、この節では、具体的な操作方法について見ていきましょう。

Google Colab をはじめる

Google Colab をはじめるまでの手順を説明します。

01 「Google Drive」のサイトを開き、「Google ドライブにアクセス」ボタンを押す

> Google Drive
> https://www.google.com/intl/ja_ALL/drive/

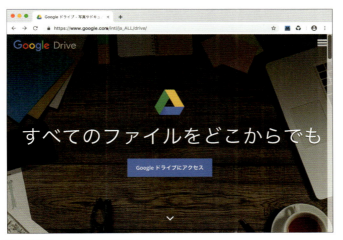

図 2-2-1 Google Drive にアクセス

02 Google アカウントが求められるのでログイン

「Google アカウント」を持っていない人は、作成してください。

03 左上の「新規ボタン」を押してフォルダを選択し、フォルダ名を入力して新規フォルダを作成する

今回は、「sample」という名前のフォルダを作成しました。

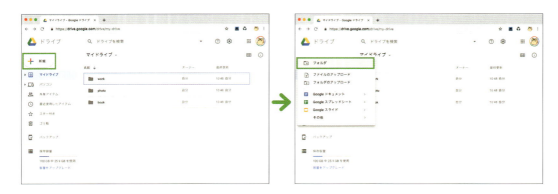

図 2-2-2 Google Drive にフォルダを作成

(04) 新規作成したフォルダ名を右クリックし、「アプリで開く→アプリ追加」を選択

図 2-2-3 作成したフォルダに、アプリを追加

(05) 「アプリを検索」に「colaboratory」と入力して「Google Colab」のアプリを検索し、「接続」ボタンを押す

これによって、フォルダと「Google Colab」の連携ができました。

図 2-2-4 フォルダに連携するアプリとして「Google Colab」を指定

06 新規作成したフォルダ内で「右クリック」し、「その他→ Colaboratory」で「Google Colab」の新規ファイルを作成

　これによって、「Untitled0.ipynb」という「ノートブック」が作成できました。ダブルクリックで「Google Colab」が起動し、ノートブックが開きます。

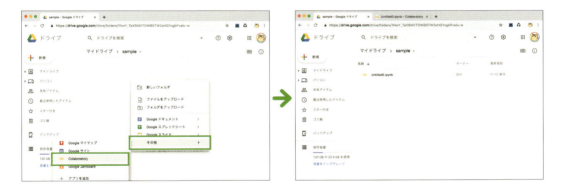

図 2-2-5 作成したフォルダ内に新規の「ノートブック」を作成

Google Colab のメニューとツールバー

「Google Colab」のメニューとツールバーの機能は、次のとおりです。

図 2-2-6 「Google Colab」のメニューとツールバー

表 2-2-1 「Google Colab」のメニューの機能

メニュー	説明
ファイル	Google Driveでのノートブックの新規作成と保存、自分のパソコンへのダウンロードなどを行う
編集	セルのコピー&ペーストと削除、文字列の検索などを行う。「ノートブックの設定」でPythonのバージョンとGPU・TPUの利用の設定や、「出力をすべて消去」でノートブックの出力の消去も行える
表示	ノートブック情報の表示などを行う
挿入	コードやテキストのセルの挿入などを行う
ランタイム	コードの実行とインスタンスのリセットを行う。「セッション管理」で現在インスタンスに接続中のノートブックを確認できる
ツール	インデント幅や行番号などの設定を行う
ヘルプ	よくある質問の表示などを行う

表 2-2-2 「Google Colab」のツールバーの機能

ツールバー	説明
+コード	コードのセルを追加
+テキスト	テキストのセルを追加
↑セル	セルを上に移動
↓セル	セルを下に移動

メニューの上には「ファイル名」の表示、メニューの右には「コメント」「共有」のボタンもあります。

表 2-2-3 ファイル名とコメント・共有ボタンの機能

ボタン	説明
ファイル名	「ファイル名」はクリックすることで名前変更ができる
コメント	ノートブックにコメントを追加
共有	ノートブックを別ユーザーと共有することができる

ツールバーの右には、「RAM とディスク」または「インスタンスとの接続状態」が表示されます。

「RAM」はメモリの使用量、「ディスク」はストレージの使用量になります。接続状態には、「初期化中」「割り当て中」「接続中」「再起動中」などがあります。

図 2-2-7 RAM とディスクの使用量の表示インジケータ

図 2-2-8 接続状態のステータス表示

コードの実行

「Google Colab」は、セル単位でコーディングを行います。セルには「コード」と「テキスト」の2種類があります。ノートブックの初期状態では、「コード」のセルが1つ追加された状態になっています。

01 空のセルにコードを記述

空のセルに、以下のコードを記述してください。'Hello World' という文字列を表示するコードになります。

```
print('Hello World')
```

02 セルを選択した状態で、「Ctrl+Enter」（またはメニュー「ランタイム→現在のセルを実行」）でコードを実行

セルが実行され、出力結果が表示されます。

図 2-2-9 入力したコードの実行

セルの左端のアイコンで、コードの実行状態を確認することができます。

表 2-2-4 セル左端のアイコンに表示されるセルの実行状態

コードの実行状態	説明
▶	未実行
◉	実行待ち
◎	実行中

コードの停止

セルの左端が◎となっている時は、コード実行中です。実行中のコードは、ブラウザを閉じても終了しません。停止させるには、メニュー「ランタイム→実行の中断」を選択します。

また、メニュー「ランタイム→セッションの管理」で、現在インスタンスに接続中のノー

トブックを確認できます。この画面で「終了」を押すことでも、実行中のコードを停止することができます。

図 2-2-10 「セッションの管理」画面の例

テキストの表示

ノートブックには、説明文などの「テキスト」を追加することもできます。「テキスト」のセルには「Markdown 記法」を利用した文章を記述できます。「Markdown 記法」は、文書を記述するための軽量マークアップ言語の 1 つです。

Markdown 記法の主な書式は、次のとおりです。

表 2-2-5 Markdown 記法の主な書式

Markdown記法	説明
見出し	#、##、###
斜体	*ABCDEFG*
強調	**ABCDEFG**
箇条書き	「*」「+」「-」「数字.」(記号の直後にスペースかタブ)
HTMLタグ	直接タグを書く(一部制限あり)

01 ツールバー「＋テキスト」ボタンで「テキスト」のセルを追加

02 追加したセルに Markdown 記法の文章を記述

セルの左側に Markdown 記法の文章を入力してみてください。右側に表示結果が表示されます。

```
## タイトル
<br>
<img src="https://www.borndigital.co.jp/wp-content/uploads/2018/07/
Unity_ML_cover.jpg" width=100>
```

図 2-2-11 Markdown 記法のテキストを入力すると、それに沿ったテキストが表示される

03 ほかのセルを選択するなどして、「テキスト」のセルの選択を解除すると、Markdown 記法の表示結果のみが表示される

ノートブックの保存

　ノートブックを Google Drive に保存するには、メニュー「ファイル→保存」を選択します。

すべてのランタイムをリセット

　インスタンスのリセットを行うには、メニュー「ランタイム→すべてのランタイムをリセット」を選択します。初期状態から実行し直したい場合や、長時間の学習を行う前などに利用します。
　自分でリセットする場合も、インスタンスのデータは保存されないので、必要なデータは退避してからリセットしてください。

GPU・TPU の利用

　GPU・TPU を利用するには、メニュー「編集→ノートブックの設定」で設定画面を開き、ハードウェアアクセラレータで「GPU」または「TPU」を選択し、「保存」を押してください。
　GPU・TPU の設定を変更すると、インスタンスはリセットされます。

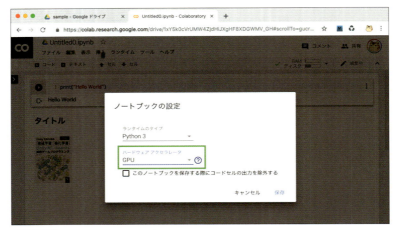

図 2-2-12 ノートブックに「GPU」「TPU」の利用を設定

「GPU」が効果を発揮するのは、深層学習です。3章「深層学習」、4章「4-4 DQN で CartPole」、6章「AlphaZero の仕組み」、8章「サンプルゲームの実装」のサンプルを実行する際は、「GPU」を有効にしてください。

「TPU」が効果を発揮するのは、計算量が多い深層学習です。具体的には3章の「3-3 畳み込みニューラルネットワークで画像分類」と「3-4 ResNet で画像分類」です。ただし、選択しただけで使える「GPU」と異なり、「TPU」は TPU 用モデルに変換しないと遅いままとなります。

詳しくは、3章「3-3 畳み込みニューラルネットワークで画像分類」で説明します。

表 2-2-6 GPU・TPU を利用するサンプル

ハードウェアアクセラレータ	設定すべき章・節
GPU	3章 深層学習 4-4節 DQNでCartPole 6章 AlphaZeroの仕組み 8章 ゲームの実装
TPU	3-3節 畳み込みニューラルネットワークで画像分類 3-4節 ResNetで画像分類 ※ただし、TPU用モデルに変換する必要あり

ファイルのアップロード

自分のパソコンから「Google Colab」のインスタンスにファイルをアップロードするには、セルで次のコードを実行します。

```
from google.colab import files
uploaded = files.upload()
```

以下のような「ファイル選択」ボタンが表示されたら押して、アップロードしたいファイルを選択します。

今回は「test.txt」という名前のテキストファイルをアップロードしています。同名のファイルを複数回アップロードした場合、上書きではなく別名保存（例：test(2).txt）になるので注意してください。

図 2-2-13 ファイルのアップロード

「Google Colab」のインスタンスに存在するファイルを確認するには、次のコマンドを実行します。「test.txt」がアップロードされていることを確認できます。なお「sample_data」は、デフォルトで入っているサンプルデータになります。

```
!dir
```

[ ]　　1 !dir
　　sample_data test.txt

図 2-2-14 インスタンスに存在するファイルの確認

「Google Colab」では行頭に「!」を付けることで、Linux コマンドを実行できます。よく使う Linux コマンドは、次のとおりです。

表 2-2-7 よく使う Linux コマンド（先頭に「!」を付けてセルで実行）

コマンド	説明
`dir`	現在のパスにあるフォルダとファイルの確認
`pwd`	現在のパスの確認
`cd <パス>`	パスへの移動
`cd ..`	1つ上のパスに移動
`cp <コピー元ファイル名> <コピー先ファイル名>`	ファイルのコピー
`rm <ファイル名>`	ファイルの削除
`rm -rf *`	ファイル・フォルダの全削除
`zip -r xxxx.zip <フォルダ名>`	zip圧縮
`unzip xxxx.zip`	zip解凍

ファイルのダウンロード

「Google Colab」のインスタンスにあるファイルを自分のパソコンにダウンロードするには、次のコードを実行します。

今回は「test.txt」という名前のテキストファイルをダウンロードしています。

```
from google.colab import files
files.download('test.txt')
```

Google Drive のマウント

「Google Colab」のインスタンスで「Google Drive」をマウントするには、次のコードを実行します。

「マウント」とは、ディスクドライブを認識し、利用可能な状態にすることです。これによって「/content/drive/My Drive/」というパスで、インスタンス上の Linux コマンドや Python のプログラムから、「Google Drive」の「マイドライブ」にアクセスできるようになります。

```
from google.colab import drive
drive.mount('/content/drive')
```

マウント時には、次のように認証を求められるので、青いリンクをクリックし、Google アカウントでログインし、表示されたパスをコピーして、テキストボックスに入力してください。

図 2-2-15 Google Drive のマウント時には、認証が必要

「Google Colab」のインスタンスから「Google Drive」に「test.txt」をコピーするには、次のコマンドを実行します。パスに空白があるので「My\ Drive」のようにエスケープ文字「\」を入れています。

```
!cp test.txt /content/drive/My\ Drive/test.txt
```

パッケージの一覧

「Google Colab」にインストールされているパッケージを調べるには、次のコマンドを実行します。

```
!pip list
Package                 Version

----------------------- --------------------
absl-py                 0.7.1
alabaster               0.7.12
albumentations          0.1.12
（省略）
zict                    0.1.4
zmq                     0.0.0
```

本書の動作確認時に利用した主要パッケージのバージョンは、次のとおりです。
「Google Colab」のパッケージのバージョンアップにより、本書のサンプルがうまく動作しなくなった場合は、このバージョンに合せたほうがよいかもしれません。

表 2-2-8 本書のサンプルで使用した主要パッケージのバージョン

パッケージ	説明	バージョン
tensorflow	深層学習のパッケージ	1.13.1
numpy	高速な配列計算のパッケージ	1.14.6
matplotlib	グラフ表示のパッケージ	3.0.3
pandas	データ分析を行うためのパッケージ	0.22.0
Pillow(PIL)	画像処理のパッケージ	4.1.1
h5py	HDF5を取り扱うためのパッケージ	2.8.0
gym	強化学習で利用するOpenAI Gymのパッケージ	0.10.11

COLUMN

古いパッケージのインストール

古いパッケージをインストールするコマンドは、次のとおりです。

書式 　`!pip install <パッケージ名>==<バージョン>`

tensorflowの「1.13.1」をインストールするにコマンドは、次のとおりです。一度アンインストールしてから、インストールしています。

```
!pip uninstall tensorflow
!pip install tensorflow==1.13.1
```

2-3 Python の文法

　この節では、「Python」の基本文法について整理しておきます。本書では、Python のバージョン「3」を利用します。

　Python のプログラミングに精通している方は、読み飛ばして構いません。また、Python の初心者の方は、必要に応じて、ほかの Python の入門書や Web サイトなどを参照してください。

　コード例を掲載しているので、新しい「ノートブック」を作成して、コードを実行して試すことができます。

文字列の表示

　はじめに、「Hello World」という文字列を表示します。文字列の表示は print() を使い、文字列はシングルクォート「'」またはダブルクォート「"」で囲みます。「#」は、その行の「#」から右側をコメントとします。

```
# 「Hello World」の表示
print('Hello World')
Hello World
```

変数と演算子

変数

　「変数」には、任意の値を代入することができます。整数を代入して足し算を行うには、次のように記述します。「,」区切りで print() の引数を複数指定すると、改行なしで連続して変数の値を表示できます。

```
a = 1
b = 2
c = a + b
print (a, b, c)
1 2 3
```

数値型

　Python の数値型には、「int」「float」「bool」「complex」の 4 種類があります。Python では、「整数」の値の最大最小の制限はなく、「浮動小数点数」は倍精度のみになります。「論理値」は True または False のどちらかを持つ値になります。「複素数」は実数と虚数を組み合わせたものです。

表 2-3-1 Python の数値型

数値型	説明	使用例
int	整数	num = 12 # 10進数 num = 0o14 # 8進数 num = 0xc # 16進数 num = 0b1100 # 2進数

float	浮動小数点数	num = 1.2
		num = 1.2e3 # 指数表記(1.2×10^3)
		num = 1.2e-3 # 指数表記(1.2×10^{-3})

bool	論理値	flag = True flag = False

complex	複素数	num = 2 + 3j # 実数＋虚数j
		num = complex(2, 3) # complex(実数, 虚数)

演算子

　Python の「四則演算子」「代入演算子」「比較演算子」「論理演算子」は、次のとおりです。Python の除算の演算子には「/」と「//」があり、「3 / 2」は小数点以下を切り捨てず「1.5」、「3 // 2」は小数点以下を切り捨て「1」になります。

表 2-3-2 Python の四則演算子

四則演算子	説明
a + b	加算
a - b	減算
a * b	乗算
a / b	除算（少数点以下を切り捨てない）
a // b	除算（少数点以下を切り捨てる）
a % b	除算の余り
a ** b	累乗

表 2-3-3 Python の代入演算子

代入演算子	説明
a = b	aにbを代入
a += b	a = a + bと同じ
a -= b	a = a - bと同じ
a *= b	a = a * bと同じ
a /= b	a = a / bと同じ
a //= b	a = a // bと同じ
a %= b	a = a % bと同じ
a **= b	a = a ** bと同じ

表 2-3-4 Python の比較演算子

比較演算子	説明
a == b	aとbが等しい
a != b	aとbが異なる
a < b	aがbより小さい
a > b	aがbより大きい
a <= b	aがb以下
a >= b	aがb以上
a <> b	aとbが異なる
a is b	aとbが等しい
a is not b	aとbが異なる
a in b	aがbに含まれる
a not in b	aがbに含まれない

表 2-3-5 Python の論理演算子

論理演算子	説明
a and b	aもbもTrueであればTrue
a or b	aまたはbがTrueであればTrue
not a	aがFalseであればTrue、aがTrueであればFalse

Pythonでは「三項演算子」は、以下のように記述します。

> **書式** 値 = <条件がTureの時の値> if <条件> else <条件がFalseの時の値>

```
a = 11
s = 'aは10以上' if a>10 else  'aは10未満'
print (s)
```
```
aは10以上
```

文字列

複数行の文字列

複数行の文字列を定義するには、「'」もしくは「"」を3つ並べた三重引用符を使用します。

```
text = '''1行目のテキスト。
2行目のテキスト。'''
print(text)
```
```
1行目のテキスト。
2行目のテキスト。
```

文字列の連結

文字列と文字列を連結するには、「+」を使います。

```
print('文字列' + 'の連結')
```
```
文字列の連結
```

文字列と数字を連結する時は、数字をstr()で文字列にキャストしてから連結します。

```
print('答え = ' + str(100))
```
```
答え = 100
```

文字列を部分的に取り出す

文字列を部分的に取り出すには、「添字」（インデックス）を使います。添字は [a:b] の形で書き、先頭を「0」として「a」から「bの1つ前」までの文字列を取り出します。aを省略すると先頭から、bを省略すると末尾までになります。

```
text = 'Hello World'
print(text[1:3])
print(text[:5])
print(text[6:])
```
```
el

Hello

World
```

文字列に変数を埋め込む

　文字列に変数を埋め込むには、埋め込む場所に {} を記述し、format() に埋め込む変数を指定します。

　浮動少数点の桁数を指定したい場合は、埋め込む場所に {:.< 桁数 >f} を指定します。浮動少数点下 2 桁の場合は「{:.2f}」になります。

```
a = 'Test'
b = 100
c = 3.14159

print('文字列 = {}'.format(a))
print('整数 = {}'.format(b))
print('浮動小数点 = {}'.format(c))
print('浮動小数点下2桁 = {:.2f}'.format(c))
print ('複数の変数 = {}, {}, {:.2f}'.format(a, b, c))
```
```
文字列 = Test
整数 = 100
浮動小数点 = 3.14159
浮動小数点下2桁 = 3.14
複数の変数 = Test, 100, 3.14
```

リスト

リストの作成と要素の取得

　「リスト」は、複数の要素を順番に保持するものです。[] 内に複数の値を「,」区切りで並べることで作成できます。文字列と同様に、添字を用いて要素を部分的に取り出すことができます。

```
my_list = [1, 2, 3, 4]
print(my_list)
print(my_list[0])
print(my_list[1:3])
```
```
[1, 2, 3, 4]
1
[2, 3]
```

リストの要素の変更

　添字で指定したリストの要素を変更することもできます。my_list[1:4] は、添字の 1 から 3（4 の 1 つ前）までを示します。

```
my_list = [1, 2, 3, 4]
my_list[0] = 10
print(my_list)
my_list[1:4] = [20, 30]
print(my_list)
```
```
[10, 2, 3, 4]
[10, 20, 30]
```

■ リストの要素の追加と挿入と削除

リストに要素を追加するには append()、挿入するには insert()、添字で削除するには del、要素で削除するには remove() を使います。

```python
my_list = ['Apple', 'Cherry']
print(my_list)
my_list.append('Strawberry')
print(my_list)
my_list.insert(0, 'Banana')
print(my_list)
del my_list[0]
print(my_list)
my_list.remove('Apple')
print(my_list)
```

```
['Apple', 'Cherry']
['Apple', 'Cherry', 'Strawberry']
['Banana', 'Apple', 'Cherry', 'Strawberry']
['Apple', 'Cherry', 'Strawberry']
['Cherry', 'Strawberry']
```

■ range() によるリストの作成

range() を用いると、連続した数字を作成できます。range(a, b, c) は、a 以上、b 未満をステップ c で作成します。a を省略すると「0」から開始します。c を省略するとステップ「1」になります。range() を list() で囲むことで、リストに変換できます。

```python
print(list(range(10)))
print(list(range(1, 7)))
print(list(range(1, 10, 2)))
```

```
[0, 1, 2, 3, 4, 5, 6, 7, 8, 9]
[1, 2, 3, 4, 5, 6]
[1, 3, 5, 7, 9]
```

▶ 辞書

■ 辞書の作成と要素の取得

「辞書」は、キーと値のペアを保持するものです。要素を取り出すには、キーを指定します。

```python
my_dic= {'Apple': 300, 'Cherry': 200, 'Strawberry': 3000}
print(my_dic['Apple'])
```

```
300
```

■ 辞書の要素の更新

キーで指定した要素を変更することもできます。

```
my_dic['Apple'] = 400
print(my_dic)
{'Apple': 400, 'Cherry': 200, 'Strawberry': 3000}
```

辞書の要素の追加と削除

辞書に要素を追加するには代入、要素を削除するには del を使います。

```
my_dic = {'Apple' : 300}
print(my_dic)
my_dic['Cherry'] = 200
print(my_dic)
del my_dic['Apple']
print(my_dic)
{'Apple': 300}
{'Apple': 300, 'Cherry': 200}
{'Cherry': 200}
```

タプル

「タプル」はリストと同様に、複数の要素を保持し、要素が順番に並んでいるものです。() 内に複数の値を「,」区切りで並べることで作成できます。添字を用いて要素を部分的に取り出すことができます。

「リスト」と「タプル」の違いは、要素を変更可能かどうかになります。タプルは、要素の追加や挿入や削除はできません。

```
my_taple = (1, 2, 3, 4)
print(my_taple)
print(my_taple[0])
print(my_taple[1:3])
[1, 2, 3, 4]
1
[2, 3]
```

制御構文

if（条件分岐）

条件分岐を行うには、「if ＜条件＞:」を使います。条件がTrueの時に実行するブロックは、インデント（字下げ）によって示します。

```
num = 5
if num >= 10:
    print('numが10以上')  # 条件が成立
else:
```

```
    print('numが10未満')  # 条件が未成立
```
```
numが10未満
```

複数の条件を指定する時は、次のように記述します。

```
num = 10
if num >= 5:
    print('numが5以上')  # 1つ目の条件が成立
elif num >= 3:
    print('numが3以上')  # 2つ目の条件が成立
else:
    print('numが3未満')  # 条件が未成立
```
```
numが5以上
```

for（繰り返し）

リストの要素を順番に変数に代入しながら繰り返し処理を行うには、「for ＜変数＞ in ＜リスト＞:」を使います。単に任意の回数繰り返したい場合は、＜リスト＞に range() を指定します。繰り返し対象のブロックは、インデントによって示します。

```
for n in [1, 2, 3]:
    print(n),    # 繰り返し対象
    print(n*10)  # 繰り返し対象
```
```
1
10
2
20
3
30
```

```
for n in range(5):
    print(n),    # 繰り返し対象
```
```
0
1
2
3
4
```

while（繰り返し）

条件が成立している間、ブロック内の処理を繰り返すには「while ＜条件＞:」を使います。これも繰り返し対象のブロックは、インデントによって示します。ブロック内では、ブロックの先頭に戻る「continue」と、ループを抜ける「break」の命令を使用できます。

1 ～ 20 の自然数において、2 の倍数を除く、3 の倍数を表示するには、次のように記述します。

```
i = 0
while i < 20:
```

```
    i += 1
    if i % 2 == 0:
        continue
    if i % 3 == 0:
        print(i)
```

```
3
9
15
```

enumerate（列挙）

enumerate() にリストを渡すと、各要素に「0」からの連番を振ることができます。

```
for num, fruit in enumerate(['Apple', 'Cherry', 'Strawberry']):
    print('{}:{}'.format(num, fruit))
```

```
0: Apple
1: Cherry
2: Strawberry
```

リストの内包表記

Python には、「内包表記」と呼ばれる繰り返し処理を簡潔に書く表記法があります。次のような繰り返し処理があるとします。

```
my_list1 = []
for x in range(10):
    my_list1.append(x * 2)
print(my_list1)
```
```
[0, 2, 4, 6, 8, 10, 12, 14, 16, 18]
```

これを「内包表記」で書き換えると、次のように 1 行で書くことができます。

```
my_list2 = [x * 2 for x in range(10)]

print(my_list2)
```
```
[0, 2, 4, 6, 8, 10, 12, 14, 16, 18]
```

関数と lambda 式

関数

「関数」は、一連のプログラムの命令をまとめて、外部から呼び出せるようにしたものです。「関数」の定義の書式は、次のとおりです。

書式
```
def 関数名(<引数1>, <引数2>, …):
    <一連のプログラムの命令>
    return <戻り値>
```

度をラジアンに変換する関数は、次のように記述します。

```python
def radian(x):
    return x / 180 * 3.1415

for x in range(0, 360, 90):
    print('度: {}, ラジアン: {:.2f}'.format(x, radian(x)))
```
度: 0, ラジアン: 0.00
度: 90, ラジアン: 1.57
度: 180, ラジアン: 3.14
度: 270, ラジアン: 4.71

lambda 式

「lambda 式」は、関数を式として扱い変数に代入できるようにする手法です。プログラムのコードを簡潔に表記できます。「lambda 式」の書式は、次のとおりです。

書式　`lambda` 引数：戻り値のある関数

先で説明した度をラジアンに変換する関数を「lambda 式」で書き換えると、次のように 1 行で書くことができます。

```python
lambda_radian = (lambda x:x / 180 * 3.1415)

for x in range(0, 360, 90):
    print('度: {}, ラジアン: {:.2f}'.format(x, lambda_radian(x)))
```
度: 0, ラジアン: 0.00
度: 90, ラジアン: 1.57
度: 180, ラジアン: 3.14
度: 270, ラジアン: 4.71

クラス

「クラス」とはデータとその操作をひとまとめにした定義のことです。「クラス」の持つデータを「メンバ変数」、操作を「メソッド」と呼びます。
「クラス」の定義の書式は、次のとおりです。

書式
```
class クラス名:
    def __init__(self, <引数1>, <引数2>, …):
        <コンストラクタで実行する処理>
    def メソッド名(self, <引数1>, <引数2>, …):
        <メソッドで実行する処理>
```

「メソッド」の引数の第 1 引数はクラス自身を示す「self」になります。「self. メンバ変

数名」「self. メソッド名 ()」のようにして、クラス自身のメンバ変数やメソッドにアクセスします。

`__init__()` はクラス生成時に呼ばれるメソッドである「コンストラクタ」になります。コンストラクタが不必要な場合は、記述なしで問題ありません。

メンバ変数「msg」と、msg を表示するメソッド「output()」を持つクラス「HelloClass」を定義するには、次のように記述します。クラスの定義後、クラスの利用例として、HelloClass を生成し、output() を呼んで msg を表示しています。

```python
class HelloClass:
    def __init__(self, msg):
        self.msg = msg

    def output(self):
        print(self.msg)


hello = HelloClass('Hello World')
hello.output()
Hello World
```

パッケージのインポートとコンポーネントの直接呼び出し

パッケージのインポート

「クラス」「関数」「定数」などの「コンポーネント」が定義された Python のプログラムを「モジュール」と呼びます。そして、複数の「モジュール」で構成されたものを「パッケージ」と呼びます。

「import ＜パッケージ名＞ as ＜別名＞」で既存の「パッケージ」をインポートすることで、それに含まれる「コンポーネント」を利用できるようになります。

高速な配列計算のパッケージ「numpy」をインポートして、それに含まれる関数「array()」を呼ぶには、次のように記述します。以下の「np.array()」のように、「パッケージ名の別名 . 関数名 ()」で呼び出しています。

```python
import numpy as np

a = np.array([[1,2,3],[4,5,6],[7,8,9]])
print(a)
[[1 2 3]
 [4 5 6]
 [7 8 9]]
```

コンポーネントの直接呼び出し

「from ＜パッケージ名＞ import ＜コンポーネント名＞」で、コンポーネント名を指定してインポートすることで、コンポーネントを直接利用できるようになります。以下の「array()」のように、「関数名 ()」のみで呼び出しています。

```
from numpy import array

a = array([[1,2,3],[4,5,6],[7,8,9]])
print(a)
```
```
[[1 2 3]
 [4 5 6]
 [7 8 9]]
```

> **COLUMN**
>
> ### API リファレンス
>
> Python 関連の API リファレンスは、以下のサイトで閲覧できます。
>
> 「Keras」の API は、TensorFlow の API リファレンスにも載っていますが、本家の Keras の API リファレンスのほうが詳しい説明があります。
>
> **Python 3.7.2 ドキュメント**
> https://docs.python.jp/3/
>
> **Keras Documentation**
> https://keras.io/ja/
>
> **Module: tf | TensorFlow**
> https://www.tensorflow.org/api_docs/python/tf
>
> **Matplotlib 3.0.3 documentation**
> https://matplotlib.org/api/index.html
>
> **pandas 0.24.1 documentation**
> https://pandas.pydata.org/pandas-docs/stable/reference/index.html

COLUMN

本書で使っているパッケージのバージョン

本書で使っているパッケージのバージョンは、次のとおりです。

表 本書で使っているパッケージのバージョン

パッケージ	バージョン
python	3.6.7
tensorflow	1.13.1
matplotlib	3.0.3
pandas	0.22.0

各APIリファレンスで該当バージョンを選択してください。PythonのAPIリファレンスの場合は、ページの左側のメニューで選べます。

図 PythonのAPIリファレンスのバージョンの選択

CHAPTER 3 深層学習

　この章から、AlphaZero を構成する各種の機械学習アルゴリズムを学んで行きます。3 章では、深層学習による「分類」と「回帰」の手法を解説します。

　深層学習では、学習と推論を行いたいモデルに応じて、最適な「ニューラルネットワーク」を構築することが重要になります。ネットワーク構造をどのように作ればよいかは、さまざまな方法や考え方があり、理論で一意に決まるものではありません。ここでは、これまでの知見から得られている実装例をベースに構築しています。

　また、複雑な分類や回帰を行うために、ニューラルネットワークを構成する「隠れ層」を増やしていく必要がありますが、これにより学習時間が膨大となります。ここでは、画像分類でより高い精度を発揮する手法として、「畳み込みニューラルネットワーク」と「ResNet（Residual Network）」を使った分類モデルについても解説しています。

　これらの手法は、2 章で解説した「Google Colab」の「TPU」を使うことで、さらに処理を高速化することが可能になっています。

▶ この章の目的

- シンプルなニューラルネットワークのモデルを構築し、画像の「分類」とデータの「回帰」を行ってみる
- ネットワークモデルを作成するための「活性化関数」や「損失関数」「最適化関数」を理解する
- 画像分類でより高い精度を発揮する「畳み込みニューラルネットワーク」と「ResNet（Residual Network）」で、モデルの構築と推論を行ってみる

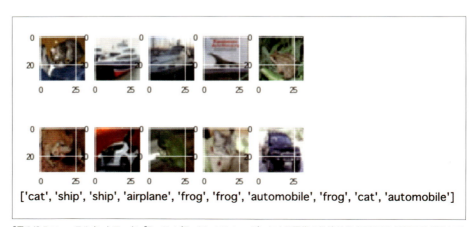

「畳み込みニューラルネットワーク」「ResNet（Residual Network）」による画像の推論結果（正解率と学習時間が異なる）

3-1 ニューラルネットワークで分類

画像分類のためのシンプルなニューラルネットワークを作成して、手書き数字の画像から実際の数字を推論するモデルを作ってみましょう。サンプルのデータセットは、TensorFlowから簡単に取り込むことができます。

分類とは

「分類」は、複数の特徴データをもとに、「クラス」(データの種類)を予測するタスクです。予測するクラス数が2クラスの場合、「2クラス分類」と呼ばれています。2クラスより多い分類については、「多クラス分類」と呼ばれています。

今回のサンプルでは、データセット「MNIST」を使って、手書き数字画像を0〜9の数字に分類します。

数字のデータセット「MNIST」

「MNIST」は、0〜9の手書き数字画像と正解ラベルを集めたデータセットです。訓練データ60,000件、テストデータ10,000件が含まれています。画像はグレースケールで、サイズは28×28ピクセルになります。

TensorFlowには、このデータセットを読み込む機能が用意されています。

パッケージのインポート

パッケージを利用するには、pipコマンドでマシンにインストールした後、importでノートブックで利用するコンポーネント(クラス、関数、定数など)を指定します。今回利用する「TensorFlow」「NumPy」「matplotlib」は、「Google Colab」ではすでにインストール済のため、インポートのみを行います。

以下のインポートの最後にある「%matplotlib inline」は、「Google Colab」上にグラフを表示するための命令になります。

表3-1-1 インポートするパッケージ

パッケージ	説明
TensorFlow	深層学習のパッケージ
NumPy	高速な配列計算のパッケージ
matplotlib	グラフ表示のパッケージ

```
# パッケージのインポート
from tensorflow.keras.datasets import mnist
from tensorflow.keras.layers import Activation, Dense, Dropout
from tensorflow.keras.models import Sequential
from tensorflow.keras.optimizers import SGD
from tensorflow.keras.utils import to_categorical
import numpy as np
import matplotlib.pyplot as plt
%matplotlib inline
```

> **COLUMN　TensorFlow に含まれる Keras と独立した Keras のパッケージ名**
>
> 「TensorFlow に含まれる Keras」と「独立した Keras」のパッケージ名は異なります。「TensorFlow に含まれる Keras」のパッケージ名は「tensorflow.keras.XXX」ですが、「独立した Keras」のパッケージ名は「keras.XXX」になります。
> 本書では、「TensorFlow に含まれる Keras」を使います。

データセットの準備と確認

データセットの準備と確認を行います。

データセットの準備

mnist.load_data() を使って、データセット「MNIST」を 4 種類の配列に読み込みます。この配列は Python の配列型でなく、「NumPy」の配列型「ndarray」になります。「NumPy」の配列型を使うことで、高速な配列演算を可能にしています。

表 3-1-2 データセットの配列

配列	説明
train_images	訓練画像の配列
train_labels	訓練ラベルの配列
test_images	テスト画像の配列
test_labels	テストラベルの配列

```
# データセットの準備
(train_images, train_labels), (test_images, test_labels) = mnist.load_data()
```

データセットのシェイプの確認

以下のスクリプトで、データセットのシェイプを確認します。

ndarray の「shape」で配列の次元数を取得できます。(60000, 28, 28) は「60000 × 28 × 28」の 3 次元配列、(60000,) は「60000」の 1 次元配列を示します。

訓練データと訓練ラベルは 60,000 件、テスト画像とテストラベルは 10,000 件であることがわかります。画像サイズは「28 × 28」となっています。

```
# データセットのシェイプの確認
print(train_images.shape)
print(train_labels.shape)
print(test_images.shape)
print(test_labels.shape)
```
```
(60000, 28, 28)
(60000,)
(10000, 28, 28)
(10000,)
```

■ データセットの画像の確認

先頭10件の訓練画像を確認します。

画像を表示するには、グラフ表示のためのパッケージ「matplotlib」を使います。今回は、画像を表示するために使っています。

plt.subplot()は、サブプロットを作成して、複数のグラフ表示を行っています。今回は各グラフに、plt.imshow()でイメージを表示しています。

表 3-1-3 plt コンポーネントのメソッド

メソッド	説明
subplot(nrows, ncols, index)	サブプロットの追加。引数は行数と列数とプロット位置
imshow(X, cmap=None)	イメージの表示。引数はイメージとカラーマップ

```
# データセットの画像の確認
for i in range(10):
    plt.subplot(1, 10, i+1)
    plt.imshow(train_images[i], 'gray')
plt.show()
```

図 3-1-1 「matplotlib」パッケージの plt コンポーネントを使って、データセットの画像の確認

■ データセットのラベルの確認

先頭10件の訓練ラベルを確認します。図 3-1-1 と正解ラベルを比較してみてください。

```
# データセットのラベルの確認
print(train_labels[0:10])
```
```
[5 0 4 1 9 2 1 3 1 4]
```

データセットの前処理と確認

学習を開始する前に、データセットをニューラルネットワークに適した形式に変換する必要があります。これを「前処理」と呼びます。

データセットの画像の前処理

訓練画像とテスト画像の配列要素である画像を、2次元配列（28×28）から1次元配列（786）に変換します。これは、今回のニューラルネットワークは1次元配列の要素を入力として利用するためです。

ndarray の次元数を変換するには、reshape() を使います。

ndarray
reshape(shape)
説明：ndarray の次元数の変換
引数：shape（tuple 型）　変換後の次元数

```
# データセットの画像の前処理
train_images = train_images.reshape((train_images.shape[0], 784))
test_images = test_images.reshape((test_images.shape[0], 784))

# データセットの画像の前処理後のシェイプの確認
print(train_images.shape)
print(test_images.shape)
(60000, 784)
(10000, 784)
```

データセットのラベルの前処理

訓練ラベルとテストラベルの配列の要素であるラベルは、「one-hot 表現」に変換します。「one-hot 表現」とは、ある要素のみが「1」でそのほかの要素が「0」であるような表現方法のことです。

表 3-1-4 数字と one-hot 表現

数字	one-hot表現
0	1,0,0,0,0,0,0,0,0,0
1	0,1,0,0,0,0,0,0,0,0
2	0,0,1,0,0,0,0,0,0,0
3	0,0,0,1,0,0,0,0,0,0
4	0,0,0,0,1,0,0,0,0,0

数字	one-hot表現
5	0,0,0,0,0,1,0,0,0,0
6	0,0,0,0,0,0,1,0,0,0
7	0,0,0,0,0,0,0,1,0,0
8	0,0,0,0,0,0,0,0,1,0
9	0,0,0,0,0,0,0,0,0,1

「one-hot 表現」は、分類の出力で利用します。10 分類の場合には出力を 10 個用意し、

これを訓練することで、正解の出力は「1.0」、不正解の出力は「0.0」に近づいていきます。

推論時には、出力（予測値）が一番高いものが予測結果となります。

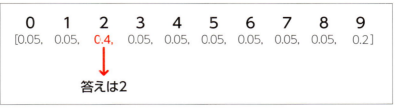

図 3-1-2 推論時の分類の出力

数字を「one-hot 表現」に変換するには、to_categorical() を使います。

```
# データセットのラベルの前処理
train_labels = to_categorical(train_labels)
test_labels = to_categorical(test_labels)

# データセットのラベルの前処理後のシェイプの確認
print(train_labels.shape)
print(test_labels.shape)
```
```
(60000, 10)
(10000, 10)
```

 モデルの作成

ニューラルネットワークのモデルを作成します。

モデルのネットワーク構造

今回は、「全結合層」を3つ重ねたのシンプルなモデルを作ります。「全結合層」は、各ユニットが次の層の全ユニットと結合する層です。「ユニット」は、1章「1-2 深層学習の概要」で説明した「ニューロン」にあたります。

入力層と出力層

3つ重ねた全結合層のうち、最初の全結合層が「入力層」、最後の全結合層が「出力層」になります。

「入力層」のシェイプは入力データのシェイプ（今回は 784 = 28 × 28）、「出力層」のユニット数は出力サイズ（今回は 10）になります。

隠れ層

「隠れ層」の「層」と「ユニット」の数は、自由に決めて作成することができます。

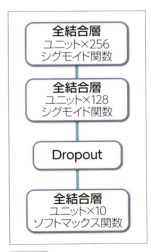

図 3-1-3
分類モデルのネットワーク構造

一般に、層とユニットの数を多くすると、複雑な特徴を捉えることができるようになりますが、層の数が多くなると学習時間がかかり、ユニットの数が多くなると重要性の低い特徴を抽出して「過学習」になりやすくなります。「過学習」は、訓練データに最適化され過ぎて、未知のデータに対する精度が下がる現象のことを言います。
　モデルのネットワーク構造は、理論を裏付けて定めることが難しいため、ほかの似たような実装例を参考にして作成することが多いです。

▶ Dropout

　「Dropout」は、「過学習」を防いでモデルの精度を上げるための手法の1つです。
　任意の層のユニットをランダムに無効にすることで、特定のニューロンの存在への依存を防ぎ、汎化性能を上げています。ユニットを無効にする割合は、一般的に50%程度を無効にするとよいと言われています。主に「全結合層」の後に追加します。

▶ 活性化関数

　「活性化関数」は、主に全結合層の後に適用する関数です。層からの出力に対して、特定の関数を経由して最終的な出力値を決定します。
　「活性化関数」を使うことで、線形分離不可能なデータでも分類が可能になり、より複雑な特徴を捉えることができるようになります。線形分離不可能なデータとは、一直線で分離できないデータのことを指します。

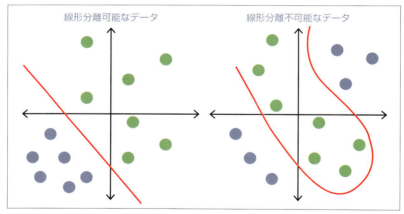

図 3-1-4 線形分離可能なデータと線形分離不可能なデータ

　主な活性化関数は、次のとおりです。今回は、入力層と隠れ層に「シグモイド関数」、出力層に「ソフトマックス関数」を使っています。

表 3-1-5 活性化関数の種類

定数	名前	説明
sigmoid	シグモイド関数	出力は必ず「0～1」に収まるので、極端な出力値が少ない
tanh	tanh関数	出力は必ず「－1～1」に収まるので、極端な出力値が少ない

relu	ReLU関数	出力は「0〜無限大」で、極端な出力値が生成される
linear	恒等関数	受け取ったそのままの値を出力
softmax	ソフトマックス関数	分類の出力層で利用

> **COLUMN**
>
> ### 活性化関数の式とグラフ
>
> ここでは、主な活性化関数の特徴をまとめておきます。
>
> #### ◎シグモイド関数（sigmoid）
>
> 「シグモイド関数」の式とグラフは、次のとおりです。グラフの横軸は活性化関数の入力（層からの出力）で、グラフの縦軸は活性化関数の出力になります。入力が小さければ小さいほど出力が「0」に近づき、大きければ大きいほど出力が「1」に近づいていることがわかります。
>
> $$f(x) = \frac{1}{1+exp(-x)}$$
>
> *exp()：e^x を返す関数（e はネイピア数）*
>
>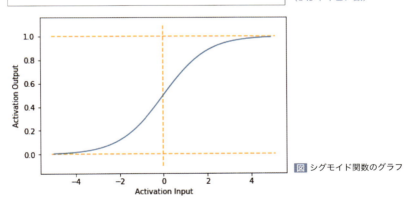
>
> 図 シグモイド関数のグラフ
>
> 「シグモイド関数」は、「0または1」という2つの解を求める「2クラス分類」によく利用されます。たとえば、ネコとイヌを分類するタスクは、ネコかネコでないかを判別するタスクと言い換えることができます。この時、「活性化関数」はネコである確率を示し、活性化関数が0.8を出力したら、ネコである確率が80%という意味になります。
>
> なお、「シグモイド関数」には、以下のような問題点が指摘されています。
>
> - 入力0に対して出力が常に正のため、学習効率が悪い（入力0に対しては出力0がよい）
> - 入力が極限に大きく、または小さくなると勾配が消える

最近はこれらを克服している活性化関数があるため、「シグモイド関数」はあまり使われなくなりました。

◎ tanh 関数（tanh）

「tanh 関数」の式とグラフは、次のとおりです。

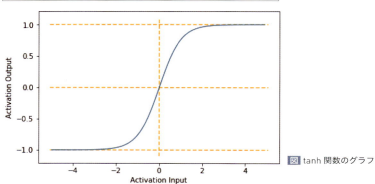

tanh()：双曲線正接関数

図 tanh 関数のグラフ

「tanh 関数」は、「シグモイド関数」と同様に連続関数です。出力範囲が「－1～1」で中心点が「0」なので、シグモイド関数の学習率の問題を解決しています。さらに、「tanh 関数」の微分値（更新量）が「シグモイド関数」の 0.25 と比べ大きいため、勾配が消える問題も緩和しています。

◎ 恒等関数（linear）

「恒等関数」の式とグラフは、次のとおりです。

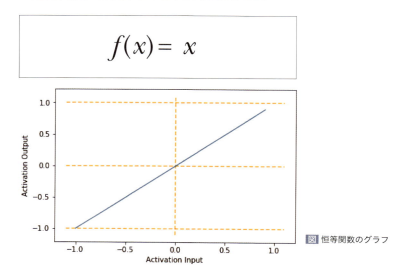

図 恒等関数のグラフ

「恒等関数」は、受け取った値をそのまま変換せずに出力します。回帰などで、そのままの値を変換せずに出力したい場合に使われます。

◎ ReLU 関数（relu）

「ReLU 関数」の式と、グラフは次のとおりです。

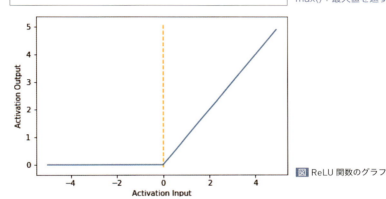

max()：最大値を返す関数

図 ReLU 関数のグラフ

入力が 0 以下の場合は出力が 0 となり、0 以上の場合は、そのまま入力値が出力値となります。

入力が正の値のとき微分値は常に 1 となり、「誤差逆伝播法」（1 章「1-2 深層学習の概要」で解説）の計算が簡単になります。また、シグモイド関数の微分値 0.25 よりも大きいので、勾配が消える問題を解決することができます。主に、「畳み込みニューラルネットワーク」でよく使用されます。

◎ ソフトマックス関数（softmax）

「ソフトマックス関数」は、「多クラス分類」でよく使われる活性化関数になります。入力が与えられた時、合計値が「1」となるような結果を出力します。

たとえば「ネコ、イヌ、ゾウ、ライオン」を分類したい場合は、確率としては「ネコ 40%、イヌ 20%、ゾウ 10%、ライオン 30%」のように合計 100% で結果を出力します。

▶ モデルの作成

モデル作成するには、「Sequential」を生成し、add() で層と Dropout を追加します。今回利用している層と Dropout のクラスは、次のとおりです。

表 3-1-6 層と Dropout のクラス

クラス	説明
Dense	全結合層。引数はユニット数と活性化関数と入力データのシェイプ
Dropout	ドロップアウト。引数はユニットを無効にする割合

```
# モデルの作成
model = Sequential()
model.add(Dense(256, activation='sigmoid', input_shape=(784,))) # 入力層
model.add(Dense(128, activation='sigmoid')) # 隠れ層
model.add(Dropout(rate=0.5)) # ドロップアウト
model.add(Dense(10, activation='softmax')) # 出力層
```

> **COLUMN　ネットワーク構造のさまざまな記述方法**
>
> 活性化関数は、Dense の activation を使わず、Activation でも指定できます。活性化関数より前に BatchNormalization（以降の「3-4 ResNet で画像分類」で説明）などの別の処理を行いたい場合は、分離して別の処理を挟みます。
>
> ```
> # モデルの作成
> model = Sequential()
> model.add(Dense(256, input_shape=(784,)))
> model.add(Activation('sigmoid')) # 活性化関数を分離
>     （省略）
> ```

コンパイル

ニューラルネットワークのモデルのコンパイルを行います。コンパイル時には、「損失関数」「最適化関数」「評価指標」の3つを設定します。

損失関数（Loss Function）

「損失関数」は、モデルの「予測値」と「正解データ」の誤差を計算する関数（計算式）です。この誤差に基づき、次に説明する「最適化関数」で「損失関数」の結果が「0」に近づくように「重みパラメータ」と「バイアス」を最適化します。

主な誤差関数は、次のとおりです。

表 3-1-7 主な誤差関数

定数	名前	説明
binary_crossentropy	2クラス交差エントロピー誤差	2クラス分類に特化しているため、主に2クラス分類で使われる

| categorical_crossentropy | 多クラス交差エントロピー誤差 | 多クラス分類の評価に優れているため、主に多クラス分類で使われる |
| mse | 平均二乗誤差 | 連続値の評価に優れているため、主に回帰で使われる |

▶ 最適化関数（Optimizer）

「最適化関数」は、「損失関数」の結果が「0」に近づくように「重みパラメータ」と「バイアス」を最適化する関数（計算式）です。微分によって求めた値を、学習率、エポック数、過去の重みの更新量などを踏まえて、どのように重みの更新に反映するかを定めます。

1エポックは1試行のことで、訓練データを1通り全部使って1エポックと数えます。主な最適化関数は、次のとおりです。

表 3-1-8 主な最適化関数

クラス	名前	説明
SGD	SGD	最もオーソドックスな最適化関数
Adam	Adam	全般的に優れているため人気の最適化関数

▶ 評価指標

「評価指標」は、モデルの性能を測定するために使われる指標です。測定結果は、学習を行う fit() の戻り値に格納され、グラフなどで表示できます。

主な評価指標は、次のとおりです。

表 3-1-9 主な評価指標

定数	名前	説明
acc	Accuracy	正解率。1に近いほうがよい。分類で利用
mae	Mean Absolute Error	平均絶対誤差。0に近いほうがよい。回帰で利用

▶ コンパイル

今回は、「損失関数」は分類なので「categorical_crossentropy」、「最適化関数」は「SGD」、評価指標は「acc」を指定しています。

SGD の引数「lr」は「学習率」です。「学習率」は、各層の重みを一度にどの程度更新するかを決める値です。学習率が小さ過ぎると学習がなかなか進まず、学習率が大き過ぎると最適値を通り越して値が発散してしまいます。

```
# コンパイル
model.compile(loss='categorical_crossentropy', optimizer=SGD(lr=0.1), metrics=['acc'])
```

学習

訓練画像と訓練ラベルの配列をモデルに渡して、学習を実行します。学習を開始するには、model.fit() を使います。

mode
fit(x=None, y=None, batch_size=None, epochs=1, validation_split=0.0)
説明：学習の実行
引数：x（ndarray 型）　　　訓練データ
　　　y（ndarray 型）　　　訓練ラベル
　　　batch_size（int 型）　バッチサイズ。訓練データの要素をいくつ単位で訓練するか。大きいほうが学習速度は速くなるが、メモリを消費
　　　epochs（int 型）　　　訓練するエポック数。訓練データを 1 通り全部使って 1 エポックと数える
　　　validation_split（float 型）　検証データとして使われる訓練データの割合。訓練データの一部を分離し、訓練に利用せず、検証データとして利用
戻り値：History　　　履歴

```
# 学習
history = model.fit(train_images, train_labels, batch_size=500,
    epochs=5, validation_split=0.2)
```

学習中には、以下の情報を出力します。

```
Train on 48000 samples, validate on 12000 samples
Epoch 1/5
48000/48000 [==============================] - 1s 20us/step - loss: 0.5039 - acc: 0.8641 - val_loss: 0.3375 - val_acc: 0.9132
    （省略）
Epoch 5/5
48000/48000 [==============================] - 1s 21us/step - loss: 0.3723 - acc: 0.8979 - val_loss: 0.2576 - val_acc: 0.9307
```

表 3-1-10 学習中に出力される情報

情報	説明
loss	訓練データの誤差。0に近いほどよい
acc	訓練データの正解率。1に近いほどよい
val_loss	検証データの誤差。0に近いほどよい
val_acc	検証データの正解率。1に近いほどよい

> **COLUMN**
>
> ### 訓練データと検証データとテストデータ
>
> 「データセット」のデータは、すべてを「学習」に利用するわけではありません。学習が正しく行われていること(過学習になっていないこと)を確認するため、「データセット」を「訓練データ」と「テストデータ」に分割します。分割は、「8:2」程度の割合に分けることが多いです。
>
> 「学習データ」(学習画像と学習ラベル)は「学習」に利用するデータ、「テストデータ」(テスト画像とテストラベル)は学習後のモデルの「評価」に利用するデータになります。
>
> 学習時には、「訓練データ」を「訓練データ」と「検証データ」に自動的に分割して学習します。「検証データ」は学習中のモデルの「評価」に利用します。これも、「8:2」程度に分けることが多いです。
>
>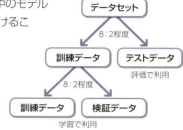
>
> 図 訓練データと検証データとテストデータの割合(一般的な例)
>
> 表 訓練データと検証データとテストデータ
>
> | データ種別 | 説明 |
> |---|---|
> | 訓練データ | 学習に利用するデータ |
> | 検証データ | 学習中の評価に利用するデータ |
> | テストデータ | 学習後の評価に利用するデータ |

グラフの表示

fit()の戻り値の「history」には、以下のような情報が含まれています。「loss」と「val_loss」はコンパイル時の「損失関数」、それ以外は「評価指標」で指定したものになります。

```
{'val_loss': [0.337498648C921507, 0.30664731313784915,…],
 'val_acc': [0.9132499992847443, 0.9203333308299383,…],
 'loss': [0.5038787834346294, 0.45845840654025477, …],
 'acc': [0.8641458308945099, 0.875854168087244,…]}
```

この情報を「matplotlib」でグラフに表示します。

plt.plot()で、グラフにプロットするデータとラベルを指定します。plt.ylabel()とplt.xlabel()でY軸とX軸のラベルを指定し、plt.legend()でプロットしたデータのラベルの説明を表示します。

最後に、plt.show()でグラフの表示を実行します。

表 3-1-11 plt コンポーネントのメソッド

メソッド	説明
plot(x, label=None)	グラフにラインをプロット。引数はデータとラベル
ylabel(label)	Y軸のラベルを指定
xlabel(label)	X軸のラベルを指定
legend(loc)	プロットしたデータのラベルの説明を表示。loc='best'でベストな位置に表示
show()	グラフの表示を実行

```
# グラフの表示
plt.plot(history.history['acc'], label='acc')
plt.plot(history.history['val_acc'], label='val_acc')
plt.ylabel('accuracy')
plt.xlabel('epoch')
plt.legend(loc='best')
plt.show()
```

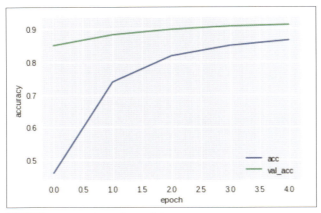

図 3-1-5 分類の学習結果をグラフで出力

評価

テスト画像とテストラベルの配列をモデルに渡して評価を実行し、正解率を確認します。評価を行うには、model.evaluate() を使います。

mode
evaluate(x=None, y=None, batch_size=None)
説明：評価の実行
引数：x（ndarray 型）　　　テストデータ
　　　　y（ndarray 型）　　　テストラベル
　　　　batch_size（int 型）　バッチサイズ
戻り値　list　　　　　　　評価結果

評価を実行すると、正解率 90% であることがわかります。

```
# 評価
test_loss, test_acc = model.evaluate(test_images, test_labels)
print('loss: {:.3f}\nacc: {:.3f}'.format(test_loss, test_acc ))
10000/10000 [==============================] - 0s 36us/step
loss: 0.383
acc: 0.908
```

推論

最後に、先頭10件のテスト画像の推論を行い、予測結果を取得します。推論を行うには、model.predict() を使います。

model
predict(x=None)
説明：推論の実行
引数：x（ndarray 型）　入力データ
戻り値　ndarray　　予測結果

戻り値は、画像毎に「one-hot 表現」の形式で返ってきます。これを np.argmax() で最大値のインデックスに変換します。

np
argmax(v, axis = None)
説明：最大値のインデックスに変換
引数：v（ndarray 型）　　　配列
　　　　axis（int 型）　　　最大値を読み取る軸の方向
戻り値　ndarray or int　変換後の配列 or 数値

正解率 90% で、推論できていることがわかります。

```python
# 推論する画像の表示
for i in range(10):
    plt.subplot(1, 10, i+1)
    plt.imshow(test_images[i].reshape((28, 28)), 'gray')
plt.show()

# 推論したラベルの表示
test_predictions = model.predict(test_images[0:10])
test_predictions = np.argmax(test_predictions, axis=1)
print(test_predictions)
```

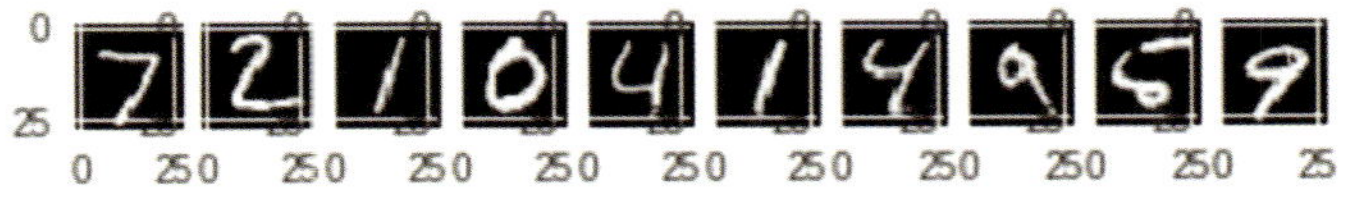

図 3-1-6 分類モデルの推論結果を出力

3-2 ニューラルネットワークで回帰

　この節では、前節の画像の分類に続いて、ニューラルネットワークで数値データの予測値を出力する推論モデルを作成します。ここで利用するサンプルのデータセットも、TensorFlow から簡単に取り込むことができます。

回帰とは

　「回帰」は、複数の特徴データをもとに、連続値などの「数値」を予測するタスクです。今回は、データセット「Boston house-prices」を使って、住宅の情報から価格を予測します。

住宅情報のデータセット「Boston house-prices」

　「Boston house-prices」は、ボストン市の住宅の特徴と正解ラベルとなる価格を集めたデータセットです。訓練データ 404 件、テストデータ 102 件が含まれています。ボストン市の住宅の特徴としては、以下の 13 の項目を保持しています。
　TensorFlow には、このデータセットを読み込む機能が用意されています。

表 3-2-1 ボストン市の住宅の特徴

特徴	説明
CRIM	人口1人当たりの犯罪発生数
ZN	25,000平方フィート以上の住居区画の占める割合
INDUS	小売業以外の商業が占める面積の割合
CHAS	チャールズ川によるダミー変数（1：川の周辺、0：それ以外）
NOX	NOxの濃度
RM	住居の平均部屋数
AGE	1940年より前に建てられた物件の割合
DIS	5つのボストン市の雇用施設からの距離（重み付け済み）
RAD	環状高速道路へのアクセスしやすさ
TAX	10,000ドルあたりの不動産税率の総計
PTRATIO	町ごとの児童と教師の比率
B	町ごとの黒人（Bk）の比率を次の式で表したもの
LSTAT	給与の低い職業に従事する人口の割合（%）

パッケージのインポート

回帰のタスクに必要なパッケージをインポートします。「pandas」は、データ分析を行うためのパッケージです。

```
# パッケージのインポート
from tensorflow.keras.datasets import boston_housing
from tensorflow.keras.layers import Activation, Dense, Dropout
from tensorflow.keras.models import Sequential
from tensorflow.keras.callbacks import EarlyStopping
from tensorflow.keras.optimizers import Adam
import pandas as pd
import numpy as np
import matplotlib.pyplot as plt
%matplotlib inline
```

 データセットの準備と確認

データセットの準備と確認を行います。

データセットの準備

boston_housing.load_data() を使って、データセット「Boston house-prices」を4種類の配列に読み込みます。

表 3-2-2 データセットの配列

配列	説明
train_data	訓練データの配列
train_labels	訓練ラベルの配列
test_data	テストデータの配列
test_labels	テストラベルの配列

```
# データセットの準備
(train_data, train_labels), (test_data, test_labels) = boston_housing.load_data()
```

データセットのシェイプの確認

以下のスクリプトで、データセットのシェイプを確認します。
　訓練データと訓練ラベルは404件、テスト画像とテストラベルは102件であることがわかります。13はデータセット「Boston house-prices」の特徴の数です。

```
# データセットのシェイプの確認
print(train_data.shape)
print(train_labels.shape)
print(test_data.shape)
```

```
print(test_labels.shape)
```

```
(404, 13)
(404,)
(102, 13)
(102,)
```

■ データセットのデータの確認

先頭 10 件の訓練データの確認を行います。

データ分析を行うためのライブラリ「pandas」を使って、データセットの内容をテーブル形式で出力します。「pandas」には、「Series」というリスト構造と「DataFrame」というテーブル構造の 2 つのデータ構造が存在します。

今回は、DataFrame を使います。データセットの内容とカラム名で「DataFrame」を生成します。

> **pd**
> DataFrame(data=None, index=None, columns=None)
> **説明**：DataFrame の生成
> **引数**：data（ndarray 型 or Iterable 型 or dict 型 or DataFrame 型）　データ
> 　　　　columns（Index 型 or array-like 型）　　カラム名のリスト

DataFrame の head() を呼ぶことで、テーブル形式で出力できます。

```
# データセットのデータの確認
column_names = ['CRIM', 'ZN', 'INDUS', 'CHAS', 'NOX', 'RM', 'AGE',  'DIS', 'RAD',
'TAX', 'PTRATIO', 'B', 'LSTAT']
df = pd.DataFrame(train_data, columns=column_names)
df.head()
```

	CRIM	ZN	INDUS	CHAS	NOX	RM	AGE	DIS	RAD	TAX	PTRATIO	B	LSTAT
0	1.23247	0.0	8.14	0.0	0.538	6.142	91.7	3.9769	4.0	307.0	21.0	396.90	18.72
1	0.02177	82.5	2.03	0.0	0.415	7.610	15.7	6.2700	2.0	348.0	14.7	395.38	3.11
2	4.89822	0.0	18.10	0.0	0.631	4.970	100.0	1.3325	24.0	666.0	20.2	375.52	3.26
3	0.03961	0.0	5.19	0.0	0.515	6.037	34.5	5.9853	5.0	224.0	20.2	396.90	8.01
4	3.69311	0.0	18.10	0.0	0.713	6.376	88.4	2.5671	24.0	666.0	20.2	391.43	14.65

図 3-2-1 データセットのデータの確認

■ データセットのラベルの確認

先頭 10 件の訓練ラベルの確認を行います。

```
# データセットのラベルの確認
print(train_labels[0:10])
```

```
[15.2 42.3 50.   21.1 17.7 18.5 11.3 15.6 15.6 14.4]
```

データセットの前処理と確認

データセットの前処理と確認を行います。

訓練データと訓練ラベルのシャッフル

訓練データと訓練ラベルの「シャッフル」を行います。学習時に似たデータを連続して学習すると偏りが生じてしまうので、似たデータが近くに固まっていそうなデータはシャッフルしたほうがよいです。

random.random() でデータ件数分の連続一様分布の乱数を作り、np.argsort() でソートしたいインデックス順を作り、訓練データと訓練ラベルの両方に適用しています。

```
# データセットのシャッフルの前処理
order = np.argsort(np.random.random(train_labels.shape))
train_data = train_data[order]
train_labels = train_labels[order]
```

訓練データとテストデータの正規化

訓練データとテストデータの「正規化」を行います。「正規化」とは、データを一定の方法で変形し、次元が違うもの（今回の例では「人口」「面積」など）を同じ単位で比較しやすくすることです。

今回は、すべての特徴データを「平均 0、分散 1」に正規化します。具体的には、データ X に対して、以下の数式で変換します。

$$ Y = \frac{X - \mu}{\delta} $$

Y：正規化したデータ
X：元データ
μ：X の平均
δ：X の標準偏差

標準偏差は ndarray の std()、平均は ndarray の mean() で求めます。

```
# データセットの正規化の前処理
mean = train_data.mean(axis=0)
std = train_data.std(axis=0)
train_data = (train_data - mean) / std
test_data = (test_data - mean) / std
```

データセットの前処理後のデータの確認

データセットのデータが「平均 0、分散 1」になっていることを確認します。

```
# データセットの前処理後のデータの確認
column_names = ['CRIM', 'ZN', 'INDUS', 'CHAS', 'NOX', 'RM', 'AGE', 'DIS', 'RAD',
'TAX', 'PTRATIO', 'B', 'LSTAT']
df = pd.DataFrame(train_data, columns=column_names)
df.head()
```

	CRIM	ZN	INDUS	CHAS	NOX	RM	AGE	DIS	RAD	TAX	PTRATI
0	-0.397253	1.412057	-1.126646	-0.256833	-1.027385	0.726354	-1.000164	0.023834	-0.511142	-0.047533	-1.49067
1	0.087846	-0.483615	1.028326	-0.256833	1.371293	-3.817250	0.676891	-1.049006	1.675886	1.565287	0.78447
2	-0.395379	1.201427	-0.690066	-0.256833	-0.942023	0.827918	-0.939245	0.259915	-0.626249	-0.914123	-0.39860
3	-0.403759	3.097099	-1.022279	-0.256833	-1.095675	0.351129	-1.480347	2.364762	-0.626249	-0.330379	-0.26209
4	-0.348692	-0.483615	-0.720935	-0.256833	-0.455458	3.467186	0.501302	-0.417158	-0.165822	-0.595170	-0.48960

図 3-2-2 データセットの前処理（正規化）後のデータの確認

モデルの作成

　ニューラルネットワークのモデルを作成します。今回も前節と同じ、「全結合層」を3つ重ねたシンプルなモデルを作ります。

図 3-2-3
回帰モデルの
ネットワーク構造

```
# モデルの作成
model = Sequential()
model.add(Dense(64, activation='relu', input_shape=(13,)))
model.add(Dense(64, activation='relu'))
model.add(Dense(1))
```

コンパイル

　ニューラルネットワークのモデルのコンパイルを行います。今回は、「損失関数」は回帰なので「mse」、「最適化関数」は「Adam」、「評価指標」は「mae」を指定しています。

「MSE」(Mean Squared Error) は、「平均二乗誤差」とも呼ばれ、実際の値と予測値との誤差の二乗を平均したものになります。

$$MSE = \frac{1}{n} \sum_{i=1}^{n} (f_i - y_i)^2$$

n：データ数
f_i：i 番目の予測値
y_i：i 番目の正解データ

「MAE」(Mean Absolute Error) は、「平均絶対誤差」とも呼ばれ、実際の値と予測値との誤差の絶対値を平均したものになります。

$$MAE = \frac{1}{n} \sum_{i=1}^{n} |f_i - y_i|$$

n：データ数
f_i：i 番目の予測値
y_i：i 番目の正解データ

どちらも、0 に近いほど予測精度が高いことを示します。まったく同じデータセットに対して計算した場合のみ、相対的な大小が比較できます。

「損失関数」「最適化関数」「評価指標」については、前節の解説も参照してください。

```
# コンパイル
model.compile(loss='mse', optimizer=Adam(lr=0.001), metrics=['mae'])
```

学習

訓練画像と訓練ラベルの配列をモデルに渡して、学習を実行します。

EarlyStopping の準備

「EarlyStopping」は、任意のエポック数間に改善がないと学習を停止するコールバックです。「コールバック」は fit() に引数で指定することで、1 エポック毎に何らかの処理を実行する機能になります。

callbacks
EarlyStopping(monitor='val_loss', patience=0)
説明：EarlyStopping の生成
引数：monitor（str 型）　　監視する値
　　　patience（int 型）　　ここで指定したエポック数間に改善がないと学習停止

今回は、20 試行のあいだに誤差の改善が見られない場合は、学習を終了するようにします。

```
# EarlyStoppingの準備
early_stop = EarlyStopping(monitor='val_loss', patience=20)
```

 学習の実行

学習の実行時には、callbacks に EarlyStopping を追加します。

```
# 学習
history = model.fit(train_data, train_labels, epochs=500,
        validation_split=0.2, callbacks=[early_stop])
```

学習中には、以下の情報を出力します。

```
Epoch 1/500
323/323 [==============================] - 0s 1ms/step - loss: 543.2610 - mean_
absolute_error: 21.3678 - val_loss: 564.9667 - val_mean_absolute_error: 21.9234
        （省略）
Epoch 246/500
323/323 [==============================] - 0s 86us/step - loss: 3.4033 - mean_
absolute_error: 1.3705 - val_loss: 13.6585 - val_mean_absolute_error: 2.4026
```

表 3-2-3 学習中に出力される情報

情報	説明
loss	訓練データの誤差。0に近いほどよい
mean_absolute_error	訓練データの平均絶対誤差。0に近いほどよい
val_loss	検証データの誤差。0に近いほどよい
val_mean_absolute_error	検証データの平均絶対誤差。0に近いほどよい

 グラフの表示

fit() の戻り値の「history」には、以下のような情報が含まれています。「loss」と「val_loss」はコンパイル時の「損失関数」、それ以外は「評価指標」で指定したものになります。

```
{'val_loss': [564.9666985405815, 515.1216151861497,…],
 'val_mean_absolute_error': [21.923353595498167, 20.72963971267512,…],
 'loss': [543.2610003114115, 500.46821655651365,…],
 'mean_absolute_error': [21.3678290482276, 20.2691056514303,…]}
```

この情報を「matplotlib」でグラフに表示します。

```
# グラフの表示
plt.plot(history.history['mean_absolute_error'], label="train mae')
plt.plot(history.history['val_mean_absolute_error'], label='val mae')
plt.xlabel('epoch')
plt.ylabel('mae [1000$]')
```

```
plt.legend(loc='best')
plt.ylim([0,5])
plt.show()
```

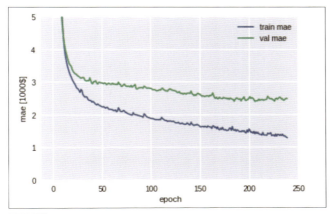

図 3-2-4 回帰の学習結果をグラフで出力

 評価

テスト画像とテストラベルの配列をモデルに渡して評価を実行し、平均絶対誤差を取得します。平均絶対誤差は 2.7 であることがわかります。

```
# 評価
test_loss, test_mae = model.evaluate(test_data, test_labels)
print('loss:{:.3f}\nmae: {:.3f}'.format(test_loss, test_mae))
loss:18.873
mae: 2.702
```

 推論

最後に、先頭 10 件のテストデータの推論を行い、予測結果を取得します。出力は 2 次元配列なので、flatten() で 1 次元配列に変換してから表示しています。
実際の価格に、近い価格が推論されていることがわかります。

```
# 推論する値段の表示
print(np.round(test_labels[0:10]))

# 推論した値段の表示
test_predictions = model.predict(test_data[0:10]).flatten()
print(np.round(test_predictions))
[ 7. 19. 19. 27. 22. 24. 31. 23. 20. 23.]
[10. 18. 21. 33. 24. 21. 25. 22. 20. 23.]
```

3-3 畳み込みニューラルネットワークで画像分類

冒頭の 3-1 節では手書き数字の画像分類を行いましたが、この節ではより複雑な写真の画像分類を行ってみます。特徴量が膨大になるため、「畳み込みニューラルネットワーク」というアルゴリズムを使って、効率よくデータの特徴を抽出する方法を見ていきます。

畳み込みニューラルネットワークで画像分類の概要

「畳み込みニューラルネットワーク」を使って、画像分類を行います。今回のサンプルでは、データセット「CIFAR-10」を使って、画像を 10 クラスに分類します。

計算量が多いので、「ノートブックの設定」で「GPU」または「TPU」を指定してください。「TPU」の使い方は、この節の最後で説明します。

写真のデータセット「CIFAR-10」

「CIFAR-10」は、以下の 10 クラスの画像と正解ラベルを集めたデータセットです。訓練データ 50,000 件、テストデータ 10,000 件が含まれています。画像は RGB の 3 チャンネルカラー画像で、サイズは 32 × 32 ピクセルです。

TensorFlow には、このデータセットを読み込む機能が用意されています。

表 3-3-1 データセット「CIFAR-10」に含まれる画像

ID	説明
0	airplane (飛行機)
1	automobile (自動車)
2	bird (鳥)
3	cat (猫)
4	deer (鹿)
5	dog (犬)
6	frog (カエル)
7	horse (馬)
8	ship (船)
9	truck (トラック)

畳み込みニューラルネットワークとは

「畳み込みニューラルネットワーク」は、「畳み込み層」を使って特徴を抽出するニューラルネットワークで、画像認識の分野でより高い性能を発揮します。

このニューラルネットワークは多くの場合、「畳み込み層」と「プーリング層」を組み合わせて使います。「畳み込み層」で入力画像の特徴を維持しながら大幅に圧縮し、「プーリング層」で画像の局所的ゆがみや平行移動の影響を受けにくい頑強性を得ています。

畳み込み層

「畳み込み層」は、入力からその特徴を表現した「特徴マップ」に変換します。イメージとしては、サイズを減らしつつ復元できる特徴のみを残す zip 圧縮に似ています。図 3-3-1 は、5 × 5 の「画像」をサイズ 3 × 3 の「カーネル」（フィルタ）で畳み込みしている例になります。

「カーネル」は、特徴を示す「重みパラメータ」の配列（オレンジ右下の赤い数字 [[0,1,1],[1,0,0],[0,0,1]]）です。図ではカーネルは 1 枚ですが、実際には抽出したい特徴の数だけ配列を用意します。そして、左上から「カーネル」を縦 1 横 1 ずつスライドして、図のようにカーネルと画像が重なった部分を掛け合わせた和を出力します。

これを「畳み込み」と呼びます。スライドさせる幅は「ストライド」と呼ばれ、調整できます。今回は結果として、3 × 3 の「特徴マップ」を出力します。

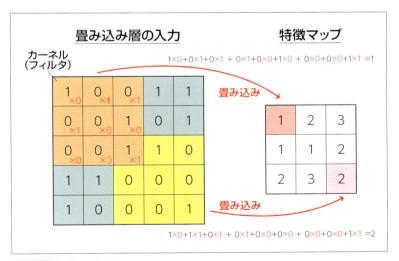

図 3-3-1 畳み込みの仕組み

また、畳み込みを行うと、出力される特徴マップは入力より小さくなります。繰り返し畳み込みを行う場合は「パディング」を行い、画像の周りに0を付加して元のサイズに戻します。

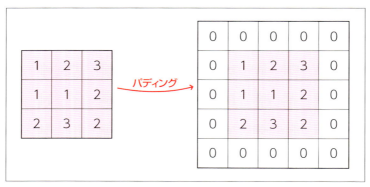

図 3-3-2 パディングで元のサイズに戻してから、繰り返し畳み込みを行う

　「カーネル数」（フィルタ数）「カーネルサイズ」「ストライド」「パディングするかどうか」は、「畳み込み層」を作る際のパラメータになります。
　また、この図では2次元（グレースケール）の画像を畳み込む例を示してますが、実際には3次元（RGB）の画像を畳み込む場合が多いです。

● プーリング層

　「プーリング層」は、畳み込み層の出力である「特徴マップ」を縮約してデータの量を削減する層です。部分区間の最大値を採ったり（Maxプーリング）、平均値を採ったり（Averageプーリング）することで、データの圧縮を実現します。
　図3-3-3は、5×5の「特徴マップ」をサイズ3×3のプーリング適用領域で「Maxプーリング」をしている例になります。左上からプーリング適用領域を縦1横1ずつスライドして、プーリング適用領域と画像が重なった部分の最大値を出力します。
　これを「Maxプーリング」と呼びます。結果として、3×3のデータを出力します。また、プーリング層でも「パディング」を行うことができます。

図 3-3-3 Maxプーリングの仕組み

「プーリング適用領域のサイズ」「ストライド」「パディングするかどうか」は、「プーリング層」を作る際のパラメータになります。

パッケージのインポート

畳み込みニューラルネットワークで必要なパッケージのインポートを行います。

```
# パッケージのインポート
from tensorflow.keras.datasets import cifar10
from tensorflow.keras.layers import Activation, Dense, Dropout, Conv2D, Flatten, MaxPool2D
from tensorflow.keras.models import Sequential, load_model
from tensorflow.keras.optimizers import Adam
from tensorflow.keras.utils import to_categorical
import numpy as np
import matplotlib.pyplot as plt
%matplotlib inline
```

データセットの準備と確認

データセットの準備と確認を行います。

データセットの準備

cifar10.load_data() を使って、データセット「CIFAR-10」を 4 種類の配列に読み込みます。

表 3-3-2 データセットの配列

配列	説明
train_images	訓練画像の配列
train_labels	訓練ラベルの配列
test_images	テスト画像の配列
test_labels	テストラベルの配列

```
# データセットの準備
(train_images, train_labels), (test_images, test_labels) = cifar10.load_data()
```

データセットのシェイプの確認

以下のスクリプトで、データセットのシェイプを確認します。

訓練データと訓練ラベルは 50,000 件、テスト画像とテストラベルは 10,000 件であることがわかります。画像サイズは「32 × 32 × 3」となっています。RGB 画像なので「× 3」が付いています。

```
# データセットのシェイプの確認
print(train_images.shape)
print(train_labels.shape)
print(test_images.shape)
print(test_labels.shape)
```
```
(50000, 32, 32, 3)
(50000, 1)
(10000, 32, 32, 3)
(10000, 1)
```

■ データセットの画像の確認

先頭10件の訓練画像の確認を行います。

```
# データセットの画像の確認
for i in range(10):
    plt.subplot(2, 5, i+1)
    plt.imshow(train_images[i])
plt.show()
```

図 3-3-4 データセットの画像の確認

■ データセットのラベルの確認

先頭10件の訓練ラベルの確認を行います。

```
# データセットのラベルの確認
print(train_labels[0:10])
```
```
[[6]
 [9]
 [9]
 [4]
 [1]
 [1]
 [2]
 [7]
 [8]
 [3]]
```

データセットの前処理と確認

データセットの前処理と確認を行います。

データセットの画像の前処理

訓練画像とテスト画像の「正規化」を行います。今回は、画像のRGBは「0～255」なので、255で割って「0.0～1.0」に変換します。

画像配列の要素である画像は、1次元でなく3次元のままなことに注目してください。「全結合層」への入力は1次元ですが、「畳み込み層」への入力は3次元のためです。

```
# データセットの画像の前処理
train_images = train_images.astype('float32')/255.0
test_images = test_images.astype('float32')/255.0

# データセットの画像の前処理後のシェイプの確認
print(train_images.shape)
print(test_images.shape)
```
```
(50000, 32, 32, 3)
(10000, 32, 32, 3)
```

データセットのラベルの前処理

訓練ラベルとテストラベルの配列の要素であるラベルは、「one-hot表現」に変換します。

```
# データセットのラベルの前処理
train_labels = to_categorical(train_labels, 10)
test_labels = to_categorical(test_labels, 10)

# データセットのラベルの前処理後のシェイプの確認
print(train_labels.shape)
print(test_labels.shape)
```
```
(50000, 10)
(10000, 10)
```

モデルの作成

畳み込みニューラルネットワークのモデルを作成します。

モデルのネットワーク構造

今回は、はじめに「畳み込み層→畳み込み層→プーリング層」の「畳み込みブロック」を2つ重ねます。この部分では「特徴の抽出」を行っています。

次に「Flatten」で、「畳み込み層」の3次元の出力を「全結合層」向けに1次元に変換します。最後に、「全結合層」を2つ重ねています。この部分では「分類」を行っています。

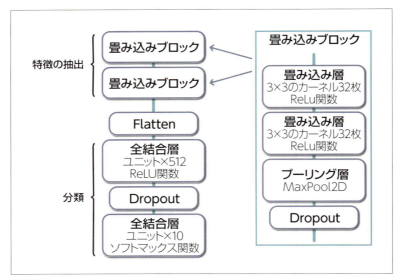

図 3-3-5 畳み込みニューラルネットワークのネットワーク構造

モデルの作成

畳み込みニューラルネットワークのモデルを作成するには、「Sequential」を生成し、add() で層や Dropout などを追加します。今回利用している層や Dropout などのクラスは、次のとおりです。

表 3-3-3 サンプルで使っている層や Dropout などのクラス

クラス	説明
Conv2D	畳み込み層。引数はカーネル数、カーネルサイズ、活性化関数、パディング
MaxPool2D	プーリング層（Maxプーリング）。引数はプーリング適用領域
Dense	全結合層。引数はユニット数と活性化関数
Dropout	ドロップアウト。引数は無効にする割合
Flatten	層の入出力を1次元に変換

```
#モデルの作成
model = Sequential()

# Conv→Conv→Pool→Dropout
model.add(Conv2D(32, (3, 3), activation='relu', padding='same', input_shape=(32, 32, 3)))
model.add(Conv2D(32, (3, 3), activation='relu', padding='same'))
model.add(MaxPool2D(pool_size=(2, 2)))
model.add(Dropout(0.25))

# Conv→Conv→Pool→Dropout
model.add(Conv2D(64, (3, 3), activation='relu', padding='same'))
model.add(Conv2D(64, (3, 3), activation='relu', padding='same'))
model.add(MaxPool2D(pool_size=(2, 2)))
```

```
model.add(Dropout(0.25))

# Flatten→Dense→Dropout→Dense
model.add(Flatten())
model.add(Dense(512, activation='relu'))
model.add(Dropout(0.5))
model.add(Dense(10, activation='softmax'))
```

 コンパイル

　畳み込みニューラルネットワークのモデルのコンパイルを行います。今回は、「損失関数」は分類なので「categorical_crossentropy」、「最適化関数」は「Adam」、評価指標は「acc」を指定しています。
　これらについて詳しくは、3-1 節で解説していますので、参照してください。

```
# コンパイル
model.compile(loss='categorical_crossentropy', optimizer=Adam(lr=0.001),
    metrics=['acc'])
```

 学習

　訓練画像と訓練ラベルの配列をモデルに渡して、学習を開始します。
　ノートブックのハードウェアアクセラレーターが、「GPU」または「TPU」を選択していることを確認してください。「TPU」の使い方は、この節の最後で説明します。

```
# 学習
history = model.fit(train_images, train_labels, batch_size=128,
    epochs=20, validation_split=0.1)
```

モデルの保存と読み込み

　今回の学習は時間がかかるため、あとで再利用できるようにモデルの保存も行います。
モデルをファイルに保存するには、model の save() を使います。

```
# モデルの保存
model.save('convolution.h5')
```

　ファイルからモデルを読み込むには、load_model() を使います。

```
# モデルの読み込み
model = load_model('convolution.h5')
```

 グラフの表示

fit() の戻り値の「history」を「matplotlib」でグラフに表示します。

```
# グラフの表示
plt.plot(history.history['acc'], label='acc')
plt.plot(history.history['val_acc'], label='val_acc')
plt.ylabel('accuracy')
plt.xlabel('epoch')
plt.legend(loc='best')
plt.show()
```

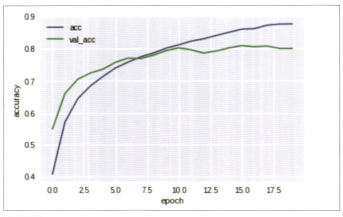

図 3-3-6 畳み込みニューラルネットワークの学習結果をグラフで出力

 評価

テスト画像とテストラベルの配列をモデルに渡して評価を実行し、正解率を取得します。正解率は 80% であることがわかります。

```
# 評価
test_loss, test_acc = model.evaluate(test_images, test_labels)
print('loss: {:.3f}\nacc: {:.3f}'.format(test_loss, test_acc ))
10000/10000 [==============================] - 0s 48us/step
loss: 0.696
acc: 0.800
```

 推論

最後に、先頭 10 件のテスト画像の推論を行い、予測結果を取得します。正解率 80%で推論できていることがわかります。

```python
# 推論する画像の表示
for i in range(10):
    plt.subplot(2, 5, i+1)
    plt.imshow(test_images[i])
plt.show()

# 推論したラベルの表示
test_predictions = model.predict(test_images[0:10])
test_predictions = np.argmax(test_predictions, axis=1)
labels = ['airplane', 'automobile', 'bird', 'cat', 'deer',
    'dog', 'frog', 'horse', 'ship', 'truck']
print([labels[n] for n in test_predictions])
```

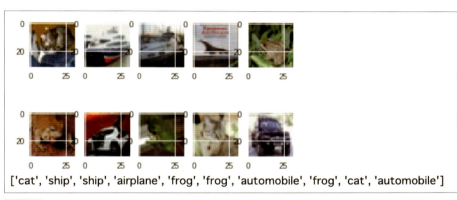

図 3-3-7 畳み込みニューラルネットワークの推論結果

TPU の利用

「Google Colab」での「TPU」の利用手順を説明します。

01 ノートブックの設定で「TPU」を選択

TPU を利用するには、メニュー「編集→ノートブックの設定」で設定画面を開き、ハードウェアアクセラレータで「TPU」を選択し、「保存」を押してください。TPU の設定を変更すると、インスタンスはリセットされます。

02 パッケージは keras ではなく、「tensorflow.keras」を利用

「TPU」は、「独立した Keras」のパッケージ名「keras.XXX」は使えないので、「TensorFlow に含まれる Keras」のパッケージ名「tensorflow.keras.XXX」に変更する必要があります。本書のサンプルは「TensorFlow に含まれる Keras」を使っているので、そのままで問題ありません。

```
from keras.datasets import mnist
```

↓

```
from tensorflow.keras.datasets import mnist
```

 03 compile() や fit() などは、TPU モデルに変換してから実行

　model の compile() と fit() は、TPU モデルに変換してから実行する必要があります。TPU モデルを用意しないと、遅いままとなります。

　TPU モデルに変換するには、「keras_to_tpu_model()」を使います。引数にモデルと OS から TPU 情報を指定します。

　具体的には、以下のコードをコンパイル前に追加します。そして、model.compile() や molde.fit() などの model を「tpu_model」に変更します。

　また、TPU は 1 エポック目が終わるまで時間がかかります。2 エポック目以降は、速いので気長に待ってください。

```
# TPUモデルへの変換
import tensorflow as tf
import os
tpu_model = tf.contrib.tpu.keras_to_tpu_model(
    model,
    strategy=tf.contrib.tpu.TPUDistributionStrategy(
        tf.contrib.cluster_resolver.TPUClusterResolver(tpu='grpc://' + os.environ['COLAB_TPU_ADDR'])
    )
)

# コンパイル
tpu_model.compile(loss='categorical_crossentropy', optimizer=Adam(lr=0.001),
metrics=['acc'])

# 学習
history = tpu_model.fit(train_images, train_labels, batch_size=128,
    epochs=20, validation_split=0.1)

# モデルの保存
tpu_model.save('convolution.h5')

# 評価
test_loss, test_acc = tpu_model.evaluate(test_images, test_labels)
print('loss: {:.3f}\nacc: {:.3f}'.format(test_loss, test_acc ))
```

▶ **TPU を利用する場合の学習データ数とバッチサイズ**

　TPU の学習・評価・推論で指定する「学習データ数」と「バッチサイズ」は、「TPU

コアの数」で割り切れる必要があります。「Google Colab」の「TPU コアの数」は「8」なので 8 の倍数を指定します。

　今回は 10 個の推論を行いたいのですが、これは 8 の倍数ではありません。そこで、学習データ数を 16 個に増やして推論し、結果の先頭 10 個のみ取得して利用します。

```python
# 推論する画像の表示
for i in range(10):
    plt.subplot(2, 5, i+1)
    plt.imshow(test_images[i])
plt.show()

# 推論したラベルの表示
test_predictions = tpu_model.predict(test_images[0:16])  # 学習データ数を16個に増やす
test_predictions = np.argmax(test_predictions, axis=1)[0:10]  # 結果数を10個に減らす
labels = ['airplane', 'automobile', 'bird', 'cat', 'deer',
          'dog', 'frog', 'horse', 'ship', 'truck']
print([labels[n] for n in test_predictions])
```

3-4 ResNet（Residual Network）で画像分類

前節の「畳み込みニューラルネットワーク」と同じデータセットを使って、「ResNet（Residual Network）」アルゴリズムで多クラス分類を行ってみます。「ResNet」では、「残差ブロック」というショートカット構造があることが特徴です。

なお、AlphaZero では、「ResNet」のアルゴリズムが使われています。

ResNet（Residual Network）で画像分類の概要

「ResNet」を使って、画像分類を行います。今回のサンプルでも、前節と同じデータセット「CIFAR-10」を使って、画像を 10 クラスに分類します。

計算量が多いので、「ノートブックの設定」で「GPU」または「TPU」を指定してください。「TPU」を使う方法は、前節の解説を参考にしてください。

ResNet（Residual Network）とは

前節の「畳み込みニューラルネットワーク」は、層を深くすることで、より複雑な特徴を抽出できるようになります。しかし、単純に層を深くすると、性能が悪化するという問題が発生します。

そこで「ResNet」では、「残差ブロック」と呼ばれるショートカット構造を作ることで、この問題に対処します。

畳み込みニューラルネットワークと残差ブロック

一般的な「畳み込みニューラルネットワーク」は、次のような構造になっています。

図 3-4-1 一般的な畳み込みブロックの構造

それに対し、「残差ブロック」は、次のような構造になっています。

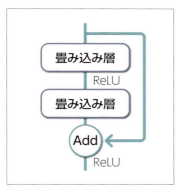

図 3-4-2 残差ブロックの構造

「畳み込み層」に「ショートカットコネクション」と呼ばれる迂回ルートを追加しています。これによって、「畳み込み層」で学習が不要になった時、迂回できるようになり、より深い層の学習が可能となります。

▎Plain アーキテクチャと Bottleneck アーキテクチャ

「残差ブロック」には、「Plain アーキテクチャ」「Bottleneck アーキテクチャ」と呼ばれる 2 つのアーキテクチャがあります。

「Plain アーキテクチャ」は、3×3 の同枚数のカーネルの畳み込み層を 2 つ並べます。ResNet の論文で紹介されている最小ケースでは、3×3 のカーネル 64 枚の畳み込み層を 2 つ並べています。

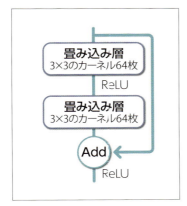

図 3-4-3 Plain アーキテクチャの構造

Bottleneck アーキテクチャは、Plane アーキテクチャより 1 層多くなります。1×1 と 3×3 の同枚数のカーネルの畳み込み層を 2 つ並べて出力の次元を小さくしてから、1×1 の枚数 4 倍の畳み込み層で次元を戻しているため、「Bottleneck」という名前がついています。

ResNet の論文で紹介されている最小ケースでは、1×1 のカーネル 64 枚の畳み込み層、3×3 のカーネル 64 枚の畳み込み層、3×3 のカーネル 256 枚の畳み込み層を並べています。

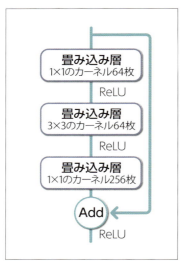

図 3-4-4 Bottleneck アーキテクチャの構造

　ResNet（Residual Network）について詳しくは、米国コーネル大学図書館にあるアーカイブを参照してください。

ResNet の論文
「Deep Residual Learning for Image Recognition」
https://arxiv.org/abs/1512.03385
「Identity Mappings in Deep Residual Networks」
https://arxiv.org/abs/1603.05027

layer name	output size	18-layer	34-layer	50-layer	101-layer	152-layer
conv1	112×112	\multicolumn{5}{c}{7×7, 64, stride 2}
		\multicolumn{5}{c}{3×3 max pool, stride 2}
conv2_x	56×56	$\begin{bmatrix}3\times3, 64\\3\times3, 64\end{bmatrix}\times2$	$\begin{bmatrix}3\times3, 64\\3\times3, 64\end{bmatrix}\times3$	$\begin{bmatrix}1\times1, 64\\3\times3, 64\\1\times1, 256\end{bmatrix}\times3$	$\begin{bmatrix}1\times1, 64\\3\times3, 64\\1\times1, 256\end{bmatrix}\times3$	$\begin{bmatrix}1\times1, 64\\3\times3, 64\\1\times1, 256\end{bmatrix}\times3$
conv3_x	28×28	$\begin{bmatrix}3\times3, 128\\3\times3, 128\end{bmatrix}\times2$	$\begin{bmatrix}3\times3, 128\\3\times3, 128\end{bmatrix}\times4$	$\begin{bmatrix}1\times1, 128\\3\times3, 128\\1\times1, 512\end{bmatrix}\times4$	$\begin{bmatrix}1\times1, 128\\3\times3, 128\\1\times1, 512\end{bmatrix}\times4$	$\begin{bmatrix}1\times1, 128\\3\times3, 128\\1\times1, 512\end{bmatrix}\times8$
conv4_x	14×14	$\begin{bmatrix}3\times3, 256\\3\times3, 256\end{bmatrix}\times2$	$\begin{bmatrix}3\times3, 256\\3\times3, 256\end{bmatrix}\times6$	$\begin{bmatrix}1\times1, 256\\3\times3, 256\\1\times1, 1024\end{bmatrix}\times6$	$\begin{bmatrix}1\times1, 256\\3\times3, 256\\1\times1, 1024\end{bmatrix}\times23$	$\begin{bmatrix}1\times1, 256\\3\times3, 256\\1\times1, 1024\end{bmatrix}\times36$
conv5_x	7×7	$\begin{bmatrix}3\times3, 512\\3\times3, 512\end{bmatrix}\times2$	$\begin{bmatrix}3\times3, 512\\3\times3, 512\end{bmatrix}\times3$	$\begin{bmatrix}1\times1, 512\\3\times3, 512\\1\times1, 2048\end{bmatrix}\times3$	$\begin{bmatrix}1\times1, 512\\3\times3, 512\\1\times1, 2048\end{bmatrix}\times3$	$\begin{bmatrix}1\times1, 512\\3\times3, 512\\1\times1, 2048\end{bmatrix}\times3$
	1×1	\multicolumn{5}{c}{average pool, 1000-d fc, softmax}
FLOPs		1.8×10^9	3.6×10^9	3.8×10^9	7.6×10^9	11.3×10^9

図 3-4-5 論文で紹介されている ResNet のネットワーク構造

パッケージのインポート

ResNetで必要なパッケージのインポートを行います。

```python
# パッケージのインポート
from tensorflow.keras.datasets import cifar10
from tensorflow.keras.callbacks import LearningRateScheduler
from tensorflow.keras.layers import Activation, Add, BatchNormalization, Conv2D, Dense, GlobalAveragePooling2D, Input
from tensorflow.keras.models import Model
from tensorflow.keras.optimizers import SGD
from tensorflow.keras.preprocessing.image import ImageDataGenerator
from tensorflow.keras.regularizers import l2
from tensorflow.keras.utils import to_categorical
import numpy as np
import matplotlib.pyplot as plt
%matplotlib inline
```

データセットの準備と確認

前節「3-3 畳み込みニューラルネットワークで画像分類」と同様です。そちらを参照して、データセットの準備と確認を行ってください。

データセットの前処理と確認

データセットの前処理と確認を行います。今回は、訓練画像とテスト画像の正規化は、後ほど説明する「ImageDataGenerator」を使います。そこで、訓練ラベルとテストラベルの「one-hot表現」への変換のみを行います。

```python
# データセットの前処理
train_images = train_images
train_labels = to_categorical(train_labels)
test_images = test_images
test_labels = to_categorical(test_labels)

# データセットの前処理後のシェイプの確認
print(train_images.shape)
print(train_labels.shape)
print(test_images.shape)
print(test_labels.shape)
```

```
(50000, 32, 32, 3)
(50000, 10)
(10000, 32, 32, 3)
(10000, 10)
```

Functional API の利用

これまでモデル作成は、「Sequential」を使って作成してきました。しかし、「Sequential」では分岐や複数の出力があるネットワーク構造は作成できません。そこで今回は、「Functional API」と呼ばれる複雑なモデルを定義するためのインターフェースを使います。

この章の冒頭の「3-1 ニューラルネットワークで分類」では、ネットワーク構造を次のように記述しました。

```
# モデルの作成
model = Sequential()
model.add(Dense(256, activation='sigmoid', input_shape=(784,)))
model.add(Dense(128, activation='sigmoid'))
model.add(Dropout(rate=0.5))
model.add(Dense(10, activation='softmax'))
```

「Functional API」で同じネットワーク構造を記述すると、次のようになります。

```
# モデルの作成
input = Input(shape=(784,))
x = Dense(256, activation='sigmoid')(input)
x = Dense(128, activation='sigmoid')(x)
x = Dropout(rate=0.5)(x)
x = Dense(10, activation='softmax')(x)
model = Model(inputs=input, outputs=x)
```

Input

入力データのシェイプの指定は、「Input」という別クラスで行います。

層の入出力

Dense の右側に「(input)」や「(x)」が付いていますが、これは層への入力です。Dense の左側に「x =」が付いていますが、これは層からの出力です。前の層の出力を次の層の入力として指定することで、ネットワークを繋ぐことができます。Dropout なども同様に繋ぎます。

Model

最後に「Model」を作成します。引数には、ネットワーク全体の入力と出力を指定します。この「Model」は evaluate() や predict() など、「Sequential」と同様の操作が可能です。

モデルの作成

ニューラルネットワークのモデルを作成します。

畳み込み層の生成

畳み込み層の生成時には共通の設定が必要なので、関数として作成します。

Conv2Dのコンストラクタの引数は、次のとおりです。「kernel_initializer」ではカーネルの重み行列の初期値、「kernel_regularizer」ではカーネルの重みに適用させる正則化を指定します。

表3-4-1 Conv2Dのコンストラクタの引数

引数	型	説明
filters	int	カーネル数
kernel_size	int or tuple	カーネルサイズ
strides	int or tuple	ストライド
padding	str	パディングで入力と同じサイズに戻す時は"same"、戻さない時は"valid"
use_bias	bool	バイアスを加えるかどうか
kernel_initializer	str	カーネルの重み行列の初期値。"he_normal"は正規分布による初期化
kernel_regularizer	Regularizer	kernelの重みに適用させる正則化。l2はL2正則化を利用

```
# 畳み込み層の生成
def conv(filters, kernel_size, strides=1):
    return Conv2D(filters, kernel_size, strides=strides, padding='same', use_
bias=False,
        kernel_initializer='he_normal', kernel_regularizer=l2(0.0001))
```

正則化

「正則化」は、モデルを複雑にする「重み」に、その量に応じたペナルティを与えて、モデルが複雑にならないようにする手法です。「正則化」には次の2つのどちらか、または組み合わせて利用します。

- **L1 正則化**：極端な「重み」を0にする
- **L2 正則化**：極端な「重み」を0に近づける

どの正則化の手法を選択し、その係数（ペナルティの割合）の値をどうするかを指定します。正則化を強め過ぎるとこれもまた学習が進まなくなるため、一概にすべてのレイヤーのノードに強めの正則化を仕込めばよい、というものではありません。

なお、「正則化」（Regularization）と「正規化」（Normalization）は名前が似ていますが別物です。

残差ブロックの生成

今回の残差ブロックは、ショートカットコネクションの位置が異なる2種類のBottleneckアーキテクチャ（今回は残差ブロックA、残差ブロックBと呼ぶことにします）を合計54個並べています。この2種類の違いは、「ショートカットコネクション」の開始位置のみです。

以下の「16,1,1」といった数値は、畳み込み層の「カーネル数 , カーネルサイズ , ストライド」を示しています。

「カーネル」や「ストライド」については、前節の「畳み込みニューラルネットワークとは」を参照してください。

- 残差ブロック A（16,1,1 → 16,3,1 → 64,1,1）
- 残差ブロック B（16,1,1 → 16,3,1 → 64,1,1）× 17
- 残差ブロック A（32,1,2 → 32,3,1 → 128,1,1）
- 残差ブロック B（32,1,1 → 32,3,1 → 128,1,1）× 17
- 残差ブロック A（64,1,2 → 64,3,1 → 256,1,1）
- 残差ブロック B（64,1,1 → 64,3,1 → 256,1,1）× 17

残差ブロック A を生成する関数は、次のとおりです。

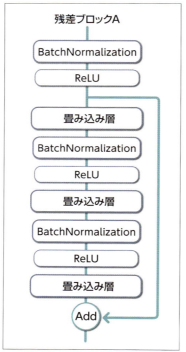

図 3-4-6 残差ブロック A の構造

```
# 残差ブロックAの生成
def first_residual_unit(filters, strides):
    def f(x):
        # →BN→ReLU
        x = BatchNormalization()(x)
        b = Activation('relu')(x)

        # 畳み込み層→BN→ReLU
        x = conv(filters // 4, 1, strides)(b)
        x = BatchNormalization()(x)
```

```
        x = Activation('relu')(x)

        # 畳み込み層→BN→ReLU
        x = conv(filters // 4, 3)(x)
        x = BatchNormalization()(x)
        x = Activation('relu')(x)

        # 畳み込み層→
        x = conv(filters, 1)(x)

        # ショートカットのシェイプサイズを調整
        sc = conv(filters, 1, strides)(b)

        # Add
        return Add()([x, sc])
    return f
```

「BatchNormalization」は、学習を安定させて学習速度を高める手法の1つで、畳み込み層と活性化関数の間に追加します。

前節「3-3 畳み込みニューラルネットワークで画像分類」の前処理で行った正規化と同様に、畳み込み層の出力を正規化します。基本的に「Dropout」より性能がよく、「Dropout」と併用しないほうがよいと言われています。

1つ目の ReLU からの出力と、最後の畳込み層からの出力を「Add」で接続して、「ショートカットコネクション」を作成します。この時、接続する2つの出力のシェイプサイズが異なるため、ショートカットのシェイプサイズを畳み込み層で調整してから接続しています。

残差ブロック B を生成する関数は、次のとおりです。

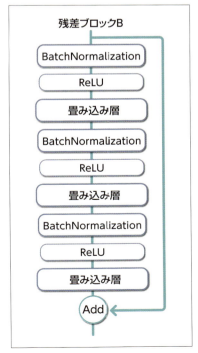

図 3-4-7 残差ブロック B の構造

```python
# 残差ブロックBの生成
def residual_unit(filters):
    def f(x):
        sc = x

        # →BN→ReLU
        x = BatchNormalization()(x)
        x = Activation('relu')(x)

        # 畳み込み層→BN→ReLU
        x = conv(filters // 4, 1)(x)
        x = BatchNormalization()(x)
        x = Activation('relu')(x)

        # 畳み込み層→BN→ReLU
        x = conv(filters // 4, 3)(x)
        x = BatchNormalization()(x)
        x = Activation('relu')(x)

        # 畳み込み層→
        x = conv(filters, 1)(x)

        # Add
        return Add()([x, sc])
    return f
```

残差ブロック A と残差ブロック B × 17 を生成する関数は、次のとおりです。

```python
# 残差ブロックAと残差ブロックB×17の生成
def residual_block(filters, strides, unit_size):
    def f(x):
        x = first_residual_unit(filters, strides)(x)
        for i in range(unit_size-1):
            x = residual_unit(filters)(x)
        return x
    return f
```

◤ モデルのネットワーク構造

　今回は、はじめに「畳み込み層」の後、「残差ブロック」54 個と「プーリング層」を重ねます。この部分では「特徴の抽出」を行っています。

　最後に、「全結合層」を 1 つ重ねています。「GlobalAveragePooling2D」の出力は 1 次元になるので、「Flatten」は必要ありません。この部分では「分類」を行っています。

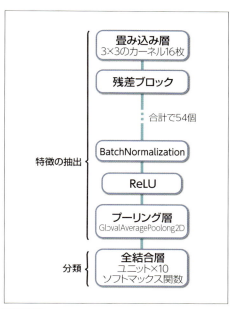

図 3-4-8 ResNet のネットワーク構造

```
# 入力データのシェイプ
input = Input(shape=(32,32, 3))

# 畳み込み層
x = conv(16, 3)(input)

# 残差ブロック x 54
x = residual_block(64, 1, 18)(x)
x = residual_block(128, 2, 18)(x)
x = residual_block(256, 2, 18)(x)

# →BN→ReLU
x = BatchNormalization()(x)
x = Activation('relu')(x)

# プーリング層
x = GlobalAveragePooling2D()(x)

# 全結合層
output = Dense(10, activation='softmax', kernel_regularizer=l2(0.0001))(x)

# モデルの作成
model = Model(inputs=input, outputs=output)
```

コンパイル

今回は、「損失関数」は分類なので「categorical_crossentropy」、「最適化関数」は「SGD」、「評価指標」は「acc」を指定しています。
これらについて、詳しくは 3-1 節で解説していますので、参照してください。

```
# コンパイル
model.compile(loss='categorical_crossentropy', optimizer=SGD(momentum=0.9),
metrics=['acc'])
```

ImageDataGenerator の準備

「ImageDataGenerator」は、データセットの画像の「正規化」と「水増し」を行うクラスです。「水増し」は訓練データのみでよいので、訓練データ用とテストデータ用に 2 つの「ImageDaraGenerator」を生成します。

具体的に適用できる「正規化」と「水増し」は、次のとおりです。

表 3-4-2 ImageDataGenerator のコンストラクタの引数

正規化と水増し	引数	型	説明
正規化	featurewise_center	bool	データセット全体で入力の平均を0
	samplewise_center	bool	各サンプルの平均を0
	featurewise_std_normalization	bool	入力をデータセットの標準偏差で正規化
	samplewise_std_normalization	bool	各入力をその標準偏差で正規化
	zca_epsilon	float	ZCA白色化のε（デフォルトは1e-6）
	zca_whitening	bool	ZCA白色化を適用
水増し	rotation_range	float	ランダムに回転する回転範囲（度単位）
	width_shift_range	float	ランダムに水平シフトする範囲（割合）
	height_shift_range	float	ランダムに垂直シフトする範囲（割合）
	shear_range	float	せん断の度合い（度単位）
	zoom_range	float	ランダムに拡縮する範囲（「1 − 指定値」～「1+ 指定値」の割合）
	channel_shift_range	int	ランダムにRGBを足し引きする範囲（0～255）
	horizontal_flip	bool	水平方向に入力をランダムに反転
	vertical_flip	bool	垂直方向に入力をランダムに反転

今回は、「featurewise_center」（データセット全体で入力の平均を 0）と「featurewise_std_normalization」（入力をデータセットの標準偏差で正規化）で正規化します。

さらに訓練データには、「width_shift_range」（ランダムに水平シフト）と「height_shift_range」（ランダムに垂直シフト）と「horizontal_flip」（水平方向に入力をランダムに反転）で、水増しを適用します。

また、正規化を行う際は、ImageDataGenerator の fit() を使って、あらかじめ統計量を計算しておく必要があります。訓練とテストの両 ImageDataGenerator の fit() に、訓練画像の配列を渡します。

```
# ImageDataGeneratorの準備
train_gen  = ImageDataGenerator(
    featurewise_center=True,
    featurewise_std_normalization=True,
    width_shift_range=0.125,
    height_shift_range=0.125,
    horizontal_flip=True)
test_gen = ImageDataGenerator(
    featurewise_center=True,
    featurewise_std_normalization=True)

# データセット全体の統計量をあらかじめ計算
for data in (train_gen, test_gen):
    data.fit(train_images)
```

LearningRateScheduler の準備

「LearningRateScheduler」は、学習中に「学習率」を変化させるコールバックです。エポックを引数に学習率を返す関数を作成し、LearningRateScheduler に引数として渡します。これを、fit() または fit_generator() の引数に指定することで、指定した「学習率」が適用されます。

今回は、はじめに「0.1」、80 エポック以降「0.01」、120 エポック以降「0.001」と指定しました。「学習率」は、各層の重みを一度にどの程度更新するかを決める値です。正解から遠い時には大きく、正解に近くなった時は小さく更新することにより、速く正確に正解にたどり着けるように調整しています。

```
# LearningRateSchedulerの準備
def step_decay(epoch):
    x = 0.1
    if epoch >= 80: x = 0.01
    if epoch >= 120: x = 0.001
    return x
lr_decay = LearningRateScheduler(step_decay)
```

学習

訓練画像と訓練ラベルの配列をモデルに渡して、学習を開始します。ノートブックのハードウェアアクセラレーターが、「GPU」または「TPU」を選択していることを確認してください。「TPU」の使い方は、前節の最後で説明しています。

ImageDataGenerator を学習するには、fit_generator() を使います。fit_generator()

の引数は、次のとおりです。

表 3-4-3 fit_generator() の引数

引数	型	説明
generator	generator	ジェネレータ
steps_per_epoch	int	1エポックあたりのステップ数。1ステップでバッチサイズ分のサンプルを訓練する。「訓練データ数／バッチサイズ」を指定すると、水増し前と同じサンプル数の訓練となる
epochs	int	訓練回数
y	ndarray	訓練ラベル
batch_size	int	バッチサイズ
verbose	int	進捗表示（0：なし、1：プログレスバー表示、2：行表示）
callbacks	list	訓練時に呼ばれるコールバックのリスト
validation_split	float	検証データとして使われる訓練データの割合
validation_data	generator	検証データ
shuffle	bool	訓練データを試行毎にシャッフルするかどうか
class_weight	dic	クラスのインデックスと重みをマップする辞書
sample_weight	ndarray	訓練サンプルの重み
initial_epoch	int	訓練を開始するエポック
validation_steps	int	1検証あたりのステップ数。steps_per_epochを指定時のみ有効。「訓練データ数／バッチサイズ」を指定すると、水増し前と同じサンプル数の検証となる
戻り値	History	履歴

```
# 学習
batch_size = 128
history = model.fit_generator(
    train_gen.flow(train_images, train_labels, batch_size=batch_size),
    epochs=200,
    steps_per_epoch=train_images.shape[0] // batch_size,
    validation_data=test_gen.flow(test_images, test_labels, batch_size=batch_size),
    validation_steps=test_images.shape[0] // batch_size,
    callbacks=[lr_decay])
```

モデルの保存

モデルをファイルに保存します。

```
# モデルの保存
model.save('resnet.h5')
```

グラフの表示

fit() の戻り値の「history」を「matplotlib」でグラフに表示します。

```
# グラフの表示
plt.plot(history.history['acc'], label='acc')
plt.plot(history.history['val_acc'], label='val_acc')
plt.ylabel('accuracy')
plt.xlabel('epoch')
plt.legend(loc='best')
plt.show()
```

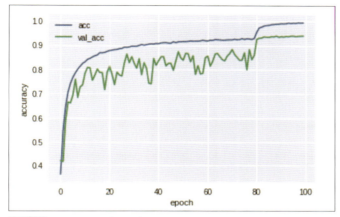

図 3-4-9 ResNet の学習結果をグラフで出力

評価

テスト画像とテストラベルの配列をモデルに渡して評価を実行し、正解率を取得します。ImageDataGenerator を予測するには、evaluate_generator() を使います。

正解率は、94% であることがわかります。同じテスト画像を使っている前節「3-3 畳み込みニューラルネットワークで画像分類」と比べると、この節の「ResNet」のほうが学習時間はかかっているものの、正解率は上がっていることがわかります。

「ResNet」の「TPU」は 1 エポック目が 30 分ほどかかりますが、「GPU」と比べて累計時間はかなり短くなっています。

表 3-4-4 「畳み込みニューラルネットワーク」と「ResNet」による正解率と学習時間の比較

ニューラルネットワーク	正解率	学習時間
3-3 畳み込みニューラルネットワーク	0.8	GPU：340s×20エポック＝6,800s（114分） TPU：54s（1エポック目）＋9s×19エポック＝225s（4分）
3-4 ResNet	0.94	GPU：314s×99エポック＝31,086s（518分） TPU：1762s（1エポック目）＋55s×99エポック＝7,207s（120分）

```
# 評価
batch_size = 128
test_loss, test_acc = model.evaluate_generator(
    test_gen.flow(test_images, test_labels, batch_size=batch_size),
    steps=10)
```

```
print('loss: {:.3f}\nacc: {:.3f}'.format(test_loss, test_acc ))
```
```
loss: 0.450
acc: 0.942
```

 推論

　最後に、先頭10件のテスト画像の推論を行い、予測結果を取得します。ImageDataGeneratorを予測するには、predict_generator()を使います。正解率94%で推論できていることがわかります。

```
# 推論する画像の表示
for i in range(10):
    plt.subplot(2, 5, i+1)
    plt.imshow(test_images[i])
plt.show()

# 推論したラベルの表示
test_predictions = model.predict_generator(
    test_gen.flow(test_images[0:10], shuffle = False, batch_size=1),
    steps=10)
test_predictions = np.argmax(test_predictions, axis=1)
labels = ['airplane', 'automobile', 'bird', 'cat', 'deer',
        'dog', 'frog', 'horse', 'ship', 'truck']
print([labels[n] for n in test_predictions])
```

図 3-4-10 ResNet の推論結果

119

CHAPTER 4

強化学習

　4章では、AlphaZeroに関連する「強化学習」のアルゴリズムについて解説します。強化学習では、与えられた環境のなかで、エージェントが行動により、最終的に最大の報酬を得られるような方策を習得するための学習を行います。これは、「囲碁」や「将棋」で複数の選択肢から最適手を選び、最終的に勝利を目指すことに似ています。

　この章では、最初に「多腕バンディット問題」（スロットマシン）を取り上げ、シンプルな題材で強化学習の基本を学びます。それを踏まえ、成功時の行動を重視する「方策勾配法」（「方策反復法」の1つ）を解説します。さらに「価値反復法」として「Sarsa」と「Q学習」の2つのアルゴリズムを紹介します。これらの手法の解説の題材としては「迷路ゲーム」を使っていますので、学習環境の構築方法を比較して見てください。

　最後に、より複雑な環境での強化学習を効率よく行うために考えられた「DQN (deep Q-network)」を取り上げます。これは、3章の「深層学習」を組み合わせた「深層強化学習」の1つです。こちらは、題材として「OpenAI」が提供している「CartPole」を利用しています。

▶ この章の目的

- 「多腕バンディット問題」を例に、強化学習の2つの学習方法「ε-greedy」「UCB1」を学ぶ
- 「迷路ゲーム」を題材に、「方策勾配法」による学習環境を構築し、エージェントが「方策」を選択するための学習方法を学ぶ
- 「迷路ゲーム」を題材に、「Sarsa」と「Q学習」による学習環境を構築し、エージェントが「価値」を最大化するための学習方法を学ぶ
- 「CartPole」を題材に、より複雑な環境に対応できる「深層強化学習」の1つである「DQN」を学ぶ

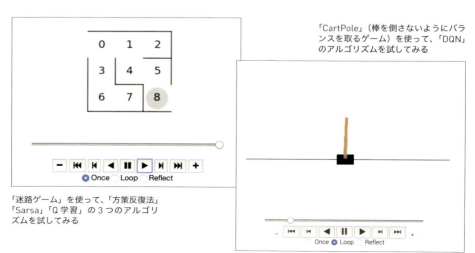

「迷路ゲーム」を使って、「方策反復法」「Sarsa」「Q学習」の3つのアルゴリズムを試してみる

「CartPole」（棒を倒さないようにバランスを取るゲーム）を使って、「DQN」のアルゴリズムを試してみる

4-1 多腕バンディット問題

最初の強化学習の題材として「多腕バンディット問題」を紹介します。これは、エージェントの行動が1つ（複数のアームから1つを選ぶ）のため、状態が必要のないシンプルな環境になります。

なお、強化学習ではさまざまな用語が登場しますが、これらは1章「1-3 強化学習の概要」で整理していますので、参照してください。

多腕バンディット問題とは

複数のアームを持つ「スロットマシン」があります。アームごとにコインが出る確率は決まっていますが、その値はわかりません。決められた回数で多くの当たりを引くには、どのようにアームを選択したらよいでしょうか。

この問題を「多腕バンディット問題」と呼びます。「多腕バンディット」は、「スロットマシン」の別名になります。つまり、出目の異なるアームを持つスロットマシンをどのように引けば、一番儲かるかという問題です。

「多腕バンディット問題」の強化学習の要素は、次のとおりです。行動1回でエピソード完了となるため、状態は不要になります。

表 4-1-1 多腕バンディット問題の強化学習の要素

強化学習の要素	多腕バンディット問題
目的	コインを多く出す
エピソード	行動1回ごと
状態	不要
行動	どのアームを選択するか
報酬	コイン出れば+1
学習手法	ε-greedy、UCB1
パラメータ更新間隔	行動1回ごと

「多腕バンディット問題」の強化学習サイクルは、次のとおりです。

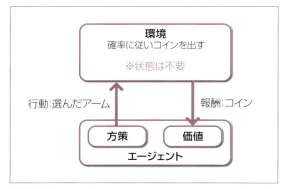

図 4-1-1 多腕バンディット問題の強化学習サイクル

探索と利用

コインが出る確率が高いアームを選択したいのですが、事前にはわかっていません。そこで、はじめは情報収集のためにアームを選択します。この行動を「探索」と呼びます。

情報収集したら、それをもとに最も報酬が高いと思われるアームを選択します。この行動を「利用」と呼びます。

「探索」と「利用」は、トレードオフの関係にあります。情報収集のために「探索」し続ければ、どのアームの報酬が高いかはわかりますが、そればかりでは本当に報酬が高いアームを「利用」し続けていた場合と比べて、収益が下がります。

逆に「利用」ばかり続けていると、現時点の期待報酬よりも高い報酬が得られるアームを見落としてしまう可能性が出てきます。収益を最大化するには、「探索」と「利用」のバランスが重要になります。

探索と利用のバランスを取る手法

探索と利用のバランスを取る手法としては、「ε-greedy」と「UCB1」が知られています。

ε-greedy

「ε-greedy」は、確率ε（0以上1以下の定数）でランダムに行動を選択（探索）し、確率$1-\varepsilon$で期待報酬が最大の行動を選択（利用）する手法です。「ε」は0.1が最適であることが多いです。

UCB1（Upper Confidence Bound 1）

「UCB1」は、「成功率＋バイアス」を最大化する行動を選択する手法です。「成功率」は「この行動の成功回数÷この行動の試行回数」です。「バイアス」は「偶然による成功率のバラつきの大きさ」で、行動の試行回数が少ない場合に大きくなる値です。

「成功率＋バイアス」の値は、以下の式で求めます。

$$UCB1 = \underbrace{\frac{w}{n}}_{\text{成功率}} + \underbrace{\left(\frac{2*\log(t)}{n}\right)^{\frac{1}{2}}}_{\text{バイアス}}$$

n：この行動の試行回数
w：この行動の成功回数
t：すべての行動の試行回数の合計

パッケージのインポート

「多腕バンディット問題」に必要なパッケージのインポートを行います。

```
# パッケージのインポート
import numpy as np
import random
import math
import pandas as pd
import matplotlib.pyplot as plt
%matplotlib inline
```

スロットのアームの作成

スロットのアームを表すクラス「SlotArm」を作成します。コンストラクタの引数に「コインが出る確率」を指定し、draw()でアームを選択した時の報酬を取得します。
「SlotArm」のメンバ変数は、次の1つです。

表 4-1-2 SlotArm のメンバ変数

メンバ変数	型	説明
p	float	コインが出る確率

「SlotArm」のメソッドは、次の2つです。

表 4-1-3 SlotArm のメソッド

メソッド	説明
__init__(p)	スロットのアームの初期化。引数はコインが出る確率
draw()	アームを選択した時の報酬の取得

```
# スロットのアームの作成
class SlotArm():
    # スロットのアームの初期化
    def __init__(self, p):
        self.p = p # コインが出る確率

    # アームを選択した時の報酬の取得
    def draw(self):
        if self.p > random.random() :
            return 1.0
        else:
            return 0.0
```

ε-greedy の計算処理の作成

ε-greedy の計算処理を行うクラス「EpsilonGreedy」を作成します。

コンストラクタの引数に「アーム数」を指定し、select_arm() で方策に従ってアームを選択します。その後、update() で試行回数と価値を更新します。

「EpsilonGreedy」のメンバ変数は、次の3つです。

表 4-1-4 EpsilonGreedy のメンバ変数

メンバ変数	型	説明
epsilon	float	探索する確率
n	list	各アームの試行回数
v	list	各アームの価値（平均報酬）

「EpsilonGreedy」のメソッドは、次の5つです。

表 4-1-5 EpsilonGreedy のメソッド

メソッド	説明
__init__(epsilon)	ε-greedyの計算処理の初期化。引数はε（探索する確率）
initialize(n_arms)	試行回数と価値のリセット。引数はアーム数
select_arm()	アームの選択。確率εでランダムにアームを選択し、確率1-εで価値が高いアームを選択。戻り値はアーム番号
update(chosen_arm, reward, t)	試行回数と価値の更新。引数は選択したアーム、報酬、すべてのアームの試行回数の合計
label()	文字列情報の取得

```
# ε-greedyの計算処理の作成
class EpsilonGreedy():
    # ε-greedyの計算処理の初期化
    def __init__(self, epsilon):
        self.epsilon = epsilon # 探索する確率
```

```python
# 試行回数と価値のリセット
def initialize(self, n_arms):
    self.n = np.zeros(n_arms) # 各アームの試行回数
    self.v = np.zeros(n_arms) # 各アームの価値

# アームの選択
def select_arm(self):
    if self.epsilon > random.random():
        # ランダムにアームを選択
        return np.random.randint(0, len(self.v))
    else:
        # 価値が高いアームを選択
        return np.argmax(self.v)

# アルゴリズムのパラメータの更新
def update(self, chosen_arm, reward, t):
    # 選択したアームの試行回数に1加算
    self.n[chosen_arm] += 1

    # 選択したアームの価値の更新
    n = self.n[chosen_arm]
    v = self.v[chosen_arm]
    self.v[chosen_arm] = ((n-1) / float(n)) * v + (1 / float(n)) * reward

# 文字列情報の取得
def label(self):
    return ' ε -greedy('+str(self.epsilon)+')'
```

◗ アルゴリズムのパラメータの更新

「ε-greedy」のアルゴリズムのパラメータの更新の手順は、次のとおりです。

(01) 選択したアームの試行回数に「1」加算

(02) 選択したアームの価値の更新

　選択したアームの価値(平均報酬)は、以下の数式で更新します。「平均報酬」は「累計報酬/試行回数」のことですが、この式を使うことで「前回の平均報酬」と「今回の報酬」から求めることができます。

$$V_t = \frac{n-1}{n} * V_{t-1} + \frac{1}{n} * R_t$$

V_t ：今回の価値（平均報酬）
n ：試行回数
V_{t-1} ：前回の価値（平均報酬）
R_t ：今回の報酬

```
n = self.n[chosen_arm]
v = self.v[chosen_arm]
self.v[chosen_arm] = ((n-1) / float(n)) * v + (1 / float(n)) * reward
```

UCB1の計算処理の作成

UCB1の計算処理を行うクラス「UCB1」を作成します。

initialize()の引数に「アーム数」を指定し、select_arm()で方策に従ってアームを選択します。その後、update()で試行回数と価値を更新します。

「UCB1」のメンバ変数は、次の3つです。

表 4-1-6 UCB1のメンバ変数

メンバ変数	型	説明
n	list	各アームの試行回数
w	list	各アームの成功回数
v	list	各アームの価値

「UCB1」のメソッドは、次の5つです。

表 4-1-7 UCB1のメソッド

メソッド	説明
initialize(n_arms)	試行回数と成功回数と価値のリセット。引数はアーム数
select_arm()	アームの選択。UCB1が高いアームを選択。戻り値はアーム番号
update(chosen_arm, reward, t)	試行回数と成功回数、価値の更新。引数は選択したアーム、報酬、すべてのアームの試行回数の合計
label()	文字列情報の取得

```
# UCB1アルゴリズム
class UCB1():
    # 試行回数と成功回数と価値のリセット
    def initialize(self, n_arms):
        self.n = np.zeros(n_arms)  # 各アームの試行回数
        self.w = np.zeros(n_arms)  # 各アームの成功回数
```

```python
        self.v = np.zeros(n_arms) # 各アームの価値

    # アームの選択
    def select_arm(self):
        # nがすべて1以上になるようにアームを選択
        for i in range(len(self.n)):
            if self.n[i] == 0:
                return i

        # 価値が高いアームを選択
        return np.argmax(self.v)

    # アルゴリズムのパラメータの更新
    def update(self, chosen_arm, reward, t ):
        # 選択したアームの試行回数に1加算
        self.n[chosen_arm] += 1

        # 成功時は選択したアームの成功回数に1加算
        if reward == 1.0:
            self.w[chosen_arm] += 1

        # 試行回数が0のアームの存在時は価値を更新しない
        for i in range(len(self.n)):
            if self.n[i] == 0:
                return

        # 各アームの価値の更新
        for i in range(len(self.v)):
            self.v[i] = self.w[i] / self.n[i] + (2 * math.log(t) / self.n[i]) ** 0.5

    # 文字列情報の取得
    def label(self):
        return 'ucb1'
```

アルゴリズムのパラメータの更新

「UCB1」のアルゴリズムのパラメータの更新の手順は、次のとおりです。

(01) 選択したアームの試行回数に「1」加算

(02) 成功時は選択したアームの成功回数に「1」加算

(03) 試行回数が0のアームの存在時は価値を更新しない

　試行回数が0のアームが存在する時は、UCB1の計算ができない（0の除算になる）ため、価値を更新できません。

(04) 各アームの価値の更新

各アームの価値（UCB1）は、前述の「探索と利用のバランスをとる手法」で説明した
UCB1 の数式で更新します。選択したアームだけでなく、全アームの価値が更新される
点に注意してください。

```
self.v[i] = self.w[i] / self.n[i] + (2 * math.log(t) / self.n[i]) ** 0.5
```

 シミュレーションの実行

play() でシミュレーションの実行を行い、「ゲーム回数の何回目か」と「報酬」の履歴
を取得します。play() の引数は、次のとおりです。

表 4-1-8 play() の引数

引数	型	説明
algo	tuple	アルゴリズム群（EpsilonGreedy or UCB1）
arms	tuple	アーム群（SlotArm）
num_sims	int	シミュレーション回数。決められたゲーム回数を何回シミュレーションするか
num_time	int	決められたゲーム回数

「多腕バンディット問題」は、決められたゲーム回数で、できるだけ多く当たりを引く
問題です。

決められたゲーム回数を何回シミュレーションするかが引数「num_sims」で、決めら
れたゲーム回数が引数「num_time」になります。シミュレーションの回数が多いほど、
精度は上がります。

```python
# シミュレーションの実行
def play(algo, arms, num_sims, num_time):
    # 履歴の準備
    times = np.zeros(num_sims * num_time) # ゲーム回数の何回目か
    rewards = np.zeros(num_sims * num_time) # 報酬

    # シミュレーション回数分ループ
    for sim in range(num_sims):
        algo.initialize(len(arms)) # アルゴリズム設定の初期化

        # ゲーム回数分ループ
        for time in range(num_time):
            # インデックスの計算
            index = sim * num_time + time

            # 履歴の計算
            times[index] = time+1
            chosen_arm = algo.select_arm()
            reward = arms[chosen_arm].draw()
            rewards[index] = reward
```

```
                # アルゴリズムのパラメータの更新
                algo.update(chosen_arm, reward, time+1)

    # [ゲーム回数の何回目か，報酬]
    return [times, rewards]
```

 シミュレーションの実行とグラフ表示

最後に、シミュレーションの実行とグラフ表示を行います。

01 アームの準備
確率が「0.3」「0.5」「0.9」の3つのアームを準備します。

02 アルゴリズムの準備
「EpsilonGreedy」と「UCB1」の2つのアルゴリズムを準備します。

03 シミュレーションの実行
250回を1セットとして、1,000セットのシュミレーションを行うため、play()を呼び出します。

04 グラフの表示
「pandas」を使って、履歴から「ゲーム回数の何回目か」をまとめた「平均報酬」を計算します。具体的には、DataFrameのgroupby()でグループ化し、mean()で平均報酬を計算しています。

表示したグラフを確認すると、「UCB1」のほうがゲーム開始当初から報酬が高いことがわかります。

```
# アームの準備
arms = (SlotArm(0.3), SlotArm(0.5), SlotArm(0.9))

# アルゴリズムの準備
algos = (EpsilonGreedy(0.1), UCB1())

for algo in algos:
    # シミュレーションの実行
    results = play(algo, arms, 1000, 250)

    # グラフの表示
    df = pd.DataFrame({'times': results[0], 'rewards': results[1]})
    mean = df['rewards'].groupby(df['times']).mean()
```

```
        plt.plot(mean, label=algo.label())

# グラフの表示
plt.xlabel('Step')
plt.ylabel('Average Reward')
plt.legend(loc='best')
plt.show()
```

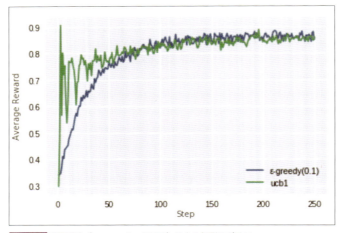

図 4-1-2 学習手法（ε-greedy、UCB1）による報酬のグラフ

4-2 方策勾配法で迷路ゲーム

前節は「スロットマシン」というシンプルな題材でしたが、ここからは少し複雑な「迷路ゲーム」を題材に、エージェントが行動を決めるための最適な「方策」を導く際に利用する「方策反復法」を解説します。

方策勾配法での迷路ゲームを解く

「方策」に従って行動し、成功時の行動は重要と考え、その行動を多く取り入れるように「方策」を更新する手法を「方策反復法」と呼びます。そして、この「方策反復法」を利用したアルゴリズムの1つが「方策勾配法」になります。

今回は、「方策勾配法」で「迷路ゲーム」を攻略します。エージェントが上下左右に移動して、ゴール（右下）までたどり着くことが目的になります。

「方策勾配法で迷路ゲーム」の強化学習の要素は、次のとおりです。

表 4-2-1 方策勾配法で迷路ゲームの強化学習の要素

強化学習の要素	迷路ゲーム
目的	ゴールまでたどり着く
エピソード	ゴールまで
状態	位置
行動	上下左右
報酬	ゴールした行動を重視
学習手法	方策勾配法
パラメータ更新間隔	1エピソードごと

「方策勾配法で迷路ゲーム」の強化学習サイクルは、次のとおりです。「方策反復法」では「方策」を更新します。

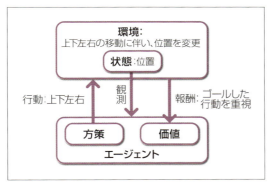

図 4-2-1 方策勾配法で迷路ゲームの強化学習サイクル

方策勾配法の学習手順

「方策勾配法」の学習手順は、次のとおりです。学習によって、「方策」（正確には方策に変換する「パラメータθ」）が最適化されます。

(01) パラメータθの準備

(02) パラメータθを方策に変換

(03) 方策に従って、行動をゴールまで繰り返す

(04) 成功した行動を多く取り入れるように、パラメータθを更新

(05) 方策の変化量が閾値以下になるまで、②〜④を繰り返す

方策

「方策」は、「ある状態である行動を採る確率」です。方策は、主に「関数」や「ニューラルネットワーク」で表現しますが、今回は、一番簡単な「表形式」を使います。状態ごとの行動を行う確率を、「状態数×行動数」の配列で保持します。

表 4-2-2 方策を表す配列

状態/行動	a_0	a_1	a_2	a_3
s_0	0	0.5	0.5	0
s_1	0	0.3333	0.3333	0.3333
s_2	0	0	0	1
s_3	0.5	0	0.5	0
s_4	0.5	0.5	0	0
s_5	0	0	0.5	0.5
s_6	0.5	0.5	0	0
s_7	0	0	0	1

パラメータθ

「パラメータθ」は、「方策に変換される値」です。深層学習の「重みパラメータ」にあたるものになります。これも「状態数×行動数」の配列で保持します。

表 4-2-3 パラメータ θ を表す配列

状態/行動	a_0	a_1	a_2	a_3
s_0	np.nan	1	1	np.nan
s_1	np.nan	1	1	1
s_2	np.nan	np.nan	np.nan	1
s_3	1	np.nan	1	np.nan
s_4	1	1	np.nan	np.nan
s_5	np.nan	np.nan	1	1
s_6	1	1	np.nan	np.nan
s_7	np.nan	np.nan	np.nan	1

「方策勾配法」では、1エピソード訓練しては「方策」（正確には方策に変換する「パラメータ θ」）の更新を繰り返すことで、「方策」を最適化していきます。

パッケージのインポート

「方策勾配法」に必要なパッケージのインポートを行います。
「from matplotlib import animation」で matplotlib でアニメーションを行う関数「animation()」、「from IPython.display import HTML」で「Google Colab」に HTML を埋め込む関数「HTML()」をインポートしています。

```
# パッケージのインポート
import numpy as np
import matplotlib.pyplot as plt
%matplotlib inline
from matplotlib import animation
from IPython.display import HTML
```

迷路の作成

グラフ表示のライブラリ「matplotlib」を使って、迷路を作成します。
plt.figure() でグラフを作成します。引数は、幅と高さをインチ単位（2.54cm）で指定します。戻り値「Figure」は、後でアニメーションする際に使用します。
壁は plt.plot() でラインを引いて、数字は plt.text() でテキスト表示して、円は plt.plot() の marker でマークを表示して作ります。円の plt.plot() の戻り値は「Line2D」の配列で、これも後でアニメーションする際に使用します。
グラフの周囲には軸と枠が表示されてしまうので、軸を非表示にするために plt.tick_params()、枠を非表示にするために plt.box() を使います。

表4-2-4 plt コンポーネントのメソッド

メソッド	説明
figure(figsize=(w, h))	新しいグラフの生成。引数は幅と高さをインチ単位（2.54cm）で指定。戻り値はFigure（グラフ）
plot(x, y, color, marker, markersize)	グラフにラインをプロット。引数はデータ、色、マーカー、マーカーサイズ。戻り値はLine2D
text(x, y, s, size, ha, va)	グラフにテキストをプロット。引数はXY座標、テキスト、テキストサイズ、横方向の基準位置、縦方向の基準位置
tick_params(axis, which, bottom, top, labelbottom, right, left, labelleft)	目盛り、目盛りラベル、および目盛線の設定
box(on)	枠の設定

「matplotlib」の color は、「#ff0000（赤）」「#000000（黒）」のように、HTMLで用いられる16進数で指定するほか、以下のような定数も利用できます。

表4-2-5 color の定数

色定数	説明		色定数	説明
b	青（blue）		m	マゼンタ（magenta）
g	緑（green）		y	黄（yellow）
r	赤（red）		k	黒（black）
c	シアン（cyan）		w	白（white）

```python
# 迷路の作成
fig = plt.figure(figsize=(3, 3))

# 壁
plt.plot([0, 3], [3, 3], color='k')
plt.plot([0, 3], [0, 0], color='k')
plt.plot([0, 0], [0, 2], color='k')
plt.plot([3, 3], [1, 3], color='k')
plt.plot([1, 1], [1, 2], color='k')
plt.plot([2, 3], [2, 2], color='k')
plt.plot([2, 1], [1, 1], color='k')
plt.plot([2, 2], [0, 1], color='k')

# 数字
for i in range(3):
    for j in range(3):
        plt.text(0.5+i, 2.5-j, str(i+j*3), size=20, ha='center', va='center')

# 円
circle, = plt.plot([0.5], [2.5], marker='o', color='#d3d3d3', markersize=40)

# 目盛りと枠の非表示
plt.tick_params(axis='both', which='both', bottom='off', top= 'off',
        labelbottom='off', right='off', left='off', labelleft='off')
plt.box('off')
```

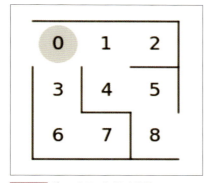

図 4-2-2 グラフ表示で作成した迷路

パラメータ θ の初期値の準備

「パラメータ θ」の初期値を準備します。学習前は、正しい「パラメータ θ」（重みパラメータ）はわかっていないので、移動可能な方向は「1」、不可な方向は「np.nan」（NumPy の欠損値）で初期化します。

1番上の行は、マス0の行動で、左から[上，右，下，左]を示します。マス8はゴールなので存在しません。

```
# パラメータ θ の初期値の準備
theta_0 = np.array([
    [np.nan, 1, 1, np.nan], # 0 上,右,下,左
    [np.nan, 1, 1, 1], # 1
    [np.nan, np.nan, np.nan, 1], # 2
    [1, np.nan, 1, np.nan], # 3
    [1, 1, np.nan, np.nan], # 4
    [np.nan, np.nan, 1, 1], # 5
    [1, 1, np.nan, np.nan], # 6
    [np.nan, np.nan, np.nan, 1]]) # 7
```

パラメータ θ を方策に変換

パラメータ θ から方策への変換には、方策勾配法では「ソフトマックス関数」（詳しくは3章を参照）を利用します。「ソフトマックス関数」は、複数の値を合計1になる「0～1」の実数値に落とし込む関数になります。

> [np.nan, 1, 1, np.nan] → [0, 0.5, 0.5, 0]

この関数は、深層学習の分類の出力層でも利用されています。単純な割合計算と比べて、パラメータ θ が負の値になっても計算できるという利点があります。

「ソフトマックス関数」の数式は、次のとおりです。

$$\text{ソフトマックス関数} = \frac{exp(\theta_i)}{\sum_{j=1}^{n} exp(\theta_j)}$$

θ_i：ある状態である行動を採る確率のリスト　　n：行動数
θ_j：ある状態である行動を採る確率　　　　　　$exp()$：e^x を返す関数（e はネイピア数）

ソースコードで記述すると、次のようになります。

```
# パラメータθを方策に変換
def get_pi(theta):
    # ソフトマックス関数で変換
    [m, n] = theta.shape
    pi = np.zeros((m, n))
    exp_theta = np.exp(theta)
    for i in range(0, m):
        pi[i, :] = exp_theta[i, :] / np.nansum(exp_theta[i, :])
    pi = np.nan_to_num(pi)
    return pi
```

 パラメータθの初期値を方策に変換

パラメータθの初期値を方策に変換すると、次のようになります。列が合計1になっていることがわかります。

```
# パラメータθの初期値を方策に変換
pi_0 = get_pi(theta_0)
print(pi_0)
[[0.         0.         0.5        0.5        0.        ]
 [0.         0.33333333 0.33333333 0.33333333]
 [0.         0.         0.         1.        ]
 [0.5        0.         0.5        0.        ]
 [0.5        0.5        0.         0.        ]
 [0.         0.         0.5        0.5       ]
 [0.5        0.5        0.         0.        ]
 [0.         0.         0.         1.        ]]
```

方策に従って行動を取得

「方策」に従って、行動（0: 上、1: 右、2: 下、3: 左）を取得する関数を作成します。np.random.choice() は、引数 p の確率分布に従って、配列の要素をランダムに返す関数です。値が [0, 1, 2, 3] で p が [0., 0.5, 0.5, 0.] の場合は、50% の確率で 1 と 2 を返します。
今回は、p に任意の状態の方策、つまり任意のマスの確率分布を指定します。

```python
# 方策に従って行動を取得
def get_a(pi, s):
    # 方策の確率に従って行動を返す
    return np.random.choice([0, 1, 2, 3], p=pi[s])
```

 行動に従って次の状態を取得

行動に従って、次の状態を取得する関数を作成します。3 × 3 の迷路なので、左右移動は ± 1、上下移動は ± 3 になります（図 4-2-2 を参照）。

```python
# 行動に従って次の状態を取得
def get_s_next(s, a):
    if a == 0: # 上
        return s - 3
    elif a == 1: # 右
        return s + 1
    elif a == 2: # 下
        return s + 3
    elif a == 3: # 左
        return s - 1
```

1 エピソードの実行

1 エピソードを実行して、履歴を取得します。履歴は、[状態 , 行動] のリストです。

```python
# 1エピソードの実行
def play(pi):
    s = 0 # 状態
    s_a_history = [[0, np.nan]] # 状態と行動の履歴

    # エピソード完了までループ
    while True:
        # 方策に従って行動を取得
        a = get_a(pi, s)

        # 行動に従って次の状態を取得
        s_next = get_s_next(s, a)
```

```
        # 履歴の更新
        s_a_history[-1][1] = a
        s_a_history.append([s_next, np.nan])

        # 終了判定
        if s_next == 8:
            break
        else:
            s = s_next

    return s_a_history
```

 1エピソードの実行と履歴の確認

1エピソードの実行を確認します。ゴールするまでにどんな経路で、合計何ステップかかったかがわかります。実行するたびに、経路は変わります。

```
# 1エピソードの実行と履歴の確認
s_a_history = play(pi_0)
print(s_a_history)
print('1エピソードのステップ数：{}'.format(len(s_a_history)+1))
```
```
[[0, 1], [1, 3], [0, 1], [1, 2], [4, 1], [5, 3], [4, 1], [5, 2], [8, nan]]
1エピソードのステップ数：10
```

 パラメータθの更新

「方策」は、現在の「状態」に応じて次の「行動」を決定する戦略です。「方策勾配法」の「方策」を更新するには、方策の重みパラメータである「パラメータθ」を直接更新します。

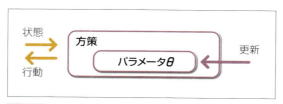

図 4-2-3 方策勾配法の方策の更新

「方策勾配法」の「パラメータθ」の更新式は、次のとおりです。「パラメータθ」に「学習係数」と「パラメータθの変化量」を掛けた値を加算します。「学習係数」は、1回の学習で更新される大きさになります。

$$\theta(s,a) \leftarrow \theta(s,a) + \eta * \underbrace{\frac{N(s,a) - P(s,a)*N(s)}{T}}_{\text{パラメータ}\theta\text{の変化量}}$$

θ (s,a)：ある状態である行動を採るパラメータθ　　P (s,a)：ある状態である行動を採る方策
η：学習係数（1回の学習の更新の大きさ）　　N (s)：ある状態で何らかの行動を採る回数
N (s,a)：ある状態である行動を採る回数　　T：ゴールまでにかかった総ステップ数

ソースコードで記述すると、次のようになります。

```python
def update_theta(theta, pi, s_a_history):
    eta = 0.1 # 学習係数
    total = len(s_a_history) - 1 # ゴールまでにかかった総ステップ数
    [s_count, a_count] = theta.shape # 状態数，行動数

    # パラメータθの変化量の計算
    delta_theta = theta.copy()
    for i in range(0, s_count):
        for j in range(0, a_count):
            if not(np.isnan(theta[i, j])):
                # ある状態である行動を採る回数
                sa_ij = [sa for sa in s_a_history if sa == [i, j]]
                n_ij = len(sa_ij)

                # ある状態で何らかの行動を採る回数
                sa_i = [sa for sa in s_a_history if sa[0] == i]
                n_i = len(sa_i)

                # パラメータθの変化量
                delta_theta[i, j]=(n_ij - pi[i, j] * n_i) / total

    # パラメータθの更新
    return theta + eta * delta_theta
```

エピソードを繰り返し実行して学習

エピソードを繰り返し実行して、学習します。今回は、「方策」の変化量が閾値以下になったら終了とします。

```python
stop_epsilon = 10**-4 # 閾値
theta = theta_0 # パラメータθ
pi = pi_0 # 方策

# エピソードを繰り返し実行して学習
for episode in range(10000):
```

```
# 1エピソード実行して履歴取得
s_a_history = play(pi)

# パラメータθの更新
theta = update_theta(theta, pi, s_a_history)

# 方策の更新
pi_new = get_pi(theta)

# 方策の変化量
pi_delta = np.sum(np.abs(pi_new-pi))
pi = pi_new

# 出力
print('エピソード: {}, ステップ: {}, 方策変化量: {:.4f}'.format(
    episode, len(s_a_history)-1, pi_delta))

# 終了判定
if pi_delta < stop_epsilon:  # 方策の変化量が閾値以下
    break
```

 学習の実行結果

　学習を開始すると、次のようなログが表示されます。ゴールへの最短のステップ数である「4」に、少しずつ近づいていきます。

```
エピソード: 0, ステップ: 42, 方策変化量: 0.0163
エピソード: 1, ステップ: 20, 方策変化量: 0.0148
    （省略）
エピソード: 234, ステップ: 4, 方策変化量: 0.0010
エピソード: 235, ステップ: 4, 方策変化量: 0.0010
```

　今回は学習状況を文字列で出力していますが、グラフで出力すると次のようになります。赤が濃いほど、最短経路の行動を選択する確率が高いことを示します。最初は行動がランダムですが、学習が進むと最短経路の行動を選択する確率が高くなっていることがわかります。マス「8」は行動しないので、白のままになります。

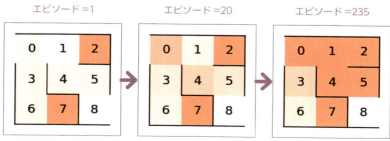

図 4-2-4 学習の様子をグラフで表示

アニメーション表示

最後に履歴をもとに、アニメーション表示を行います。

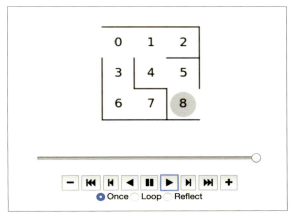

図 4-2-5 迷路ゲームのアニメーション表示

animate()

animate() は、アニメーションのフレーム毎の処理を行う関数で、引数「i」は何フレーム目かになります。Line2D である circle の set_data() で XY 座標を変更します。

animation.FuncAnimation

animation.FuncAnimation は、アニメーションを作成するクラスです。引数として Figure、アニメーションの定期処理を行う関数、最大フレーム数、インターバル（ミリ秒単位）、リピートするかどうかを指定します。FuncAnimation を作成後、to_jshtml() で HTML に変換します。

HTML()

生成した HTML を HTML() で、ノートブックに貼り付けます。

```
# アニメーションの定期処理を行う関数
def animate(i):
    state = s_a_history[i][0]
    circle.set_data((state % 3) + 0.5, 2.5 - int(state / 3))
    return circle

# アニメーションの表示
anim = animation.FuncAnimation(fig, animate, \
        frames=len(s_a_history), interval=200, repeat=False)
HTML(anim.to_jshtml())
```

4-3 SarsaとQ学習で迷路ゲーム

　この節では、前節に引き続き「迷路ゲーム」を別の学習アルゴリズムで行ってみます。「方策勾配法」は、ゲームの開始から終了までの「1エピソード」を単位に報酬を更新してパラメータを最適化しましたが、ここで紹介する「価値反復法」では、「1行動」を単位としてパラメータを更新します。

SarsaとQ学習で迷路ゲームを解く

　前節で解説した「方策反復法」は成功時の行動を重視して「方策」を最適化する手法でしたが、ここで紹介する「価値反復法」は、ある行動を採るたびに、次の状態価値と今の状態価値の差分を計算し、その差分だけ今の状態価値を増やすような手法です。

　迷路のゴールのマスにコインが積まれているのを想像してみてください。あるマスからあるマスに移動する時、もし移動先にコインが積んであったら、少しもらって移動元に積みます。これを繰り返すことで、いつかゴールからスタートのマスまでのコインの道ができるというイメージになります。

　この「価値反復法」を利用したアルゴリズムが、「Sarsa」と「Q学習（Q-Learning)」になります。今回は、「Sarsa」と「Q学習」で、前節と同じ「迷路ゲーム」を攻略します。なお、「Sarsa」は収束が遅い一方で局所解に陥りにくく、「Q学習」は収束が早い一方で局所解に陥りやすいと言われています。

　「SarsaとQ学習による迷路ゲーム」の強化学習の要素は、次のとおりです。

表 4-3-1 SarsaとQ学習による迷路ゲームの強化学習の要素

強化学習の要素	迷路ゲーム
目的	ゴールまでたどり着く
エピソード	ゴールまで
状態	位置
行動	上下左右
報酬	ゴールしたら+1
学習手法	Sarsa・Q学習
パラメータ更新間隔	行動1回ごと

　「SarsaとQ学習による迷路ゲーム」の強化学習サイクルは、次のとおりです。「価値反復法」では、「価値」を更新します。

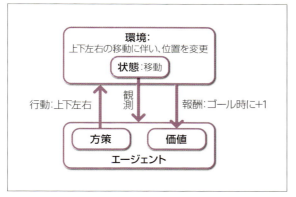

図 4-3-1 Sarsa と Q 学習による迷路ゲームの強化学習サイクル

収益と割引報酬和

「強化学習」では、即時報酬だけでなく、あとで発生するすべての遅延報酬を含めた報酬和を最大化することが求められます。これを「収益」と呼びます。「収益」の式は、次のとおりです。

$$収益 = R_{t+1} + R_{t+2} + R_{t+3} + \ldots$$

R_{t+1}：即時報酬
R_{t+2}：次ステップの即時報酬
R_{t+3}：次々ステップの即時報酬

「報酬」が環境から与えられるものなのに対し、「収益」は最大化したい目標としてエージェント自身が設定するものになります。そのため、エージェントの考え方によって収益の計算式は変わってきます。

たとえば、より遠くの未来の報酬を割引した報酬和である「割引報酬和」は、収益の計算によく使われます。「割引報酬和」の式は、次のとおりです。

$$割引報酬和 = R_{t+1} + \gamma * R_{t+2} + \gamma^2 * R_{t+3} + \ldots$$

R_{t+1}：即時報酬　　R_{t+2}：次ステップの即時報酬　　R_{t+3}：次々ステップの即時報酬　　γ：時間割引率（0〜1）

行動価値関数と状態価値関数

「収益」は、まだ発生していない未来の出来事が含まれるため不確定です。そこで、エージェントの「状態」と「方策」を固定した場合の条件付き「収益」を計算します。これを

「価値」と呼びます。「価値」が大きくなる条件を探し出せれば、学習ができていることになります。

この「価値」を計算する関数として、「行動価値関数」と「状態価値関数」があります。

迷路ゲームを例に、「行動価値関数」と「状態価値関数」の価値の計算方法を解説します。マス「0」がスタート、マス「8」がゴールで、ゴールにたどり着いた時、報酬「1」がもらえると設定します。

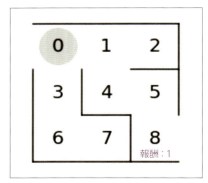

図 4-3-2 迷路ゲームでの例

行動価値関数

「行動価値関数」は、ある状態である行動を採る価値を計算する関数です。「行動価値関数」は記号「Q」で表すため、「Q 関数」とも呼ばれます。なお、「Q 学習」の行動価値関数だけが「Q 関数」と呼ばれるわけではありません。

エージェントがマス「5」にいるとします。行動「下」を選択すると、ゴールにたどり着き、報酬「1」がもらえます。これを式で表すと、次のようになります。

$$Q(s=5,\ a=下) = R_{t+1} = 1$$

$Q(s,a)$：行動価値関数
R_{t+1}：即時報酬

エージェントがマス「5」にいるとします。今度は行動「左」を選択すると、マス「4」に移動してゴールから遠ざかります。ここからゴールにたどり着くには、「5→4→5→8」と2ステップ分余分に時間がかかります。そのため「時間割引率」によって、報酬が割り引かれます。

これを式で表すと、次のようになります。

$$Q(s=5,\ a=左) = \gamma^2 * 1$$

$Q(s,a)$：行動価値関数
γ：時間割引率（0〜1）

エージェントがマス「4」にいるとします。ここからゴールにたどり着くには、「4→5→8」

と移動します。これを式で表すと、次のようになります。

$$Q(s\text{=}4,\ a\text{=}右) = R_{t+1} + \gamma * Q(s\text{=}5,\ a\text{=}下)$$
$$= 0 + \gamma * 1$$
$$= \gamma$$

$Q(s,a)$：行動価値関数　　　R_{t+1}：即時報酬　　　γ：時間割引率（0〜1）

状態価値関数

　「状態価値関数」は、ある状態の価値を計算する関数です。「状態価値関数」は、記号「V」で表します。

　エージェントがマス「5」にいるとします。行動「下」を選択すると、ゴールにたどり着き、報酬「1」がもらえます。これを式で表すと、次のようになります。

$$V(s\text{=}5) = R_{t+1} = 1$$

$V(s)$：状態価値関数
R_{t+1}：即時報酬

　エージェントがマス「4」にいるとします。ここからゴールにたどり着くには、「4→5→8」と移動します。これを式で表すと、次のようになります。

$$V(s\text{=}4) = R_{t+1} + \gamma * V(s\text{=}5)$$
$$= 0 + \gamma * 1$$
$$= \gamma$$

$V(s)$：状態価値関数　　　R_{t+1}：即時報酬　　　γ：時間割引率（0〜1）

ベルマン方程式とマルコフ決定過程

　先ほど解説した「行動価値関数」と「状態価値関数」の式を、一般的な形に書き直すと次のようになります。これを「ベルマン方程式」と呼びます。

$$Q(s_t, a_t) = R_{t+1} + \gamma * Q(s_{t+1}, a_{t+1})$$

即時報酬　　　次ステップの行動価値関数

$Q(s_t, a_t)$：行動価値関数　　R_{t+1}：即時報酬　　γ：時間割引率（0 ～ 1）
$Q(s_{t+1}, a_{t+1})$：次のステップの行動価値関数

$$V(s_t) = R_{t+1} + \gamma * V(s_{t+1})$$

即時報酬　　　次ステップの状態価値関数

$V(s_t)$：状態価値関数　　R_{t+1}：即時報酬　　γ：時間割引率（0 ～ 1）
$V(s_{t+1})$：次のステップの状態価値関数

　この「ベルマン方程式」が成り立つためには、前提条件として、環境が「マルコフ決定過程」である必要があります。「マルコフ決定過程」は、「次の状態」が「現在の状態」と採った「行動」によって確定するシステムを意味します。「現在の状態」以外の「過去の状態」などによって、「次の状態」が確定する場合は、「マルコフ決定過程」ではありません。
　「ベルマン方程式」から「行動価値関数」を学習する手法として「Sarsa」「Q学習」などがあります。「状態価値関数」は「Dueling Netowrk」「A2C（advantage Actor-Critic）」などの学習アルゴリズムで使いますが、本書では利用しません。

価値反復法の学習手順

　価値反復法の学習手順は、次のとおりです。学習によって「行動価値関数」が最適化されます。

01 ランダム行動の準備

02 行動価値関数の準備

03 行動に従って、次の状態の取得

04 ランダムまたは行動価値関数に従って、行動の取得

05 行動価値関数の更新

06 ゴールするまで、ステップ③～⑤を繰り返す

エピソード③～⑥を繰り返し実行して学習

　行動価値関数が十分に学習できていない状態で、行動価値関数のみで行動を選び続けると、まだ見つけられていないより良い選択を見逃す可能性があります。そこで、確率 ε（0 以上 1 以下の定数）でランダムに行動を選択し、確率 $1 - \varepsilon$ で行動価値関数による行動を選択します。

　これは、この章の冒頭の「4-1 多腕バンディット問題」に出てきた「ε-greedy」の手法になります。

 パッケージのインポート

　「Sarsa」と「Q 学習」に必要なパッケージのインポートを行います。

```
# パッケージのインポート
import numpy as np
import matplotlib.pyplot as plt
%matplotlib inline
from matplotlib import animation
from IPython.display import HTML
```

 迷路の作成

　グラフ表示のライブラリ「matplotlib」を使って、迷路を作成します。前節「4-2 方策勾配法で迷路ゲーム」と同様なので、前節を参照して作成してください。

ランダム行動の準備

　ランダムな行動は「方策勾配法」と同様に、「パラメータ θ」「方策」を作成し、np.random.choice() でバラつきを加えて作成します。ただし「方策勾配法」とは異なり、「パラメータ θ」「方策」の更新はありません。

　「パラメータ θ」は、前節「4-2 方策勾配法で迷路ゲーム」と同様です。リストは、再度掲載しておきます。

```
# パラメータθの初期値の準備
theta_0 = np.array([
    [np.nan, 1, 1, np.nan], # 0 上,右,下,左
    [np.nan, 1, 1, 1], # 1
    [np.nan, np.nan, np.nan, 1], # 2
    [1, np.nan, 1, np.nan], # 3
    [1, 1, np.nan, np.nan], # 4
```

```
         [np.nan, np.nan, 1, 1],      # 5
         [1, 1, np.nan, np.nan],      # 6
         [np.nan, np.nan, np.nan, 1]]) # 7
```

パラメータθから方策への変換には、単純な割合計算を利用します。

```
# パラメータθを方策に変換
def get_pi(theta):
    # 割合の計算
    [m, n] = theta.shape
    pi = np.zeros((m, n))
    for i in range(0, m):
        pi[i, :] = theta[i, :] / np.nansum(theta[i, :])
    pi = np.nan_to_num(pi)
    return pi
```

パラメータθの初期値を方策に変換すると、次のようになります。列が合計「1」になっていることがわかります。

```
# パラメータθの初期値を方策に変換
pi_0 = get_pi(theta_0)
print(pi_0)
```
```
[[0.         0.5        0.5        0.        ]
 [0.         0.33333333 0.33333333 0.33333333]
 [0.         0.         0.         1.        ]
 [0.5        0.         0.5        0.        ]
 [0.5        0.5        0.         0.        ]
 [0.         0.         0.5        0.5       ]
 [0.5        0.5        0.         0.        ]
 [0.         0.         0.         1.        ]]
```

 行動に従って、次の状態を取得

行動に従って、次の状態を取得する関数を作成します。前節「4-2 方策勾配法で迷路ゲーム」と同様です。リストは、再度掲載しておきます。

```
# 行動に従って次の状態を取得
def get_s_next(s, a):
    if a == 0:    # 上
        return s - 3
    elif a == 1:  # 右
        return s + 1
    elif a == 2:  # 下
        return s + 3
    elif a == 3:  # 左
        return s - 1
```

行動価値関数の準備

「行動価値関数」を「表形式」で準備します。

学習前は、正しい「行動価値関数」はわかっていないので、移動可な方向は乱数、移動不可な方向は「np.nan」（NumPyの欠損値）で初期化します。

```
# 行動価値関数の準備
[a, b] = theta_0.shape
Q = np.random.rand(a, b) * theta_0
print(Q)
[[       nan 0.57692567 0.14526667        nan]
 [       nan 0.90861583 0.92491201 0.54381097]
 [       nan        nan        nan 0.68611441]
 [0.86807805        nan 0.50091131        nan]
 [0.96889348 0.04800777        nan        nan]
 [       nan        nan 0.65957448 0.19691086]
 [0.42666291 0.70376519        nan        nan]
 [       nan        nan        nan 0.94567846]]
```

ランダムまたは行動価値関数に従って、行動の取得

確率 ε（0以上1以下の定数）でランダムに行動を選択し、確率 1−ε で行動価値関数での行動を選択します。

nanargmax() は、np.nan 以外の最大値を取得する関数です。これによって、行動価値関数から期待値の高い行動を取得しています。

```
# ランダムまたは行動価値関数に従って行動を取得
def get_a(s, Q, epsilon, pi_0):
    if np.random.rand() < epsilon:
        # ランダムに行動を選択
        return np.random.choice([0, 1, 2, 3], p=pi_0[s])
    else:
        # 行動価値関数で行動を選択
        return np.nanargmax(Q[s])
```

 Sarsaによる行動価値関数の更新

「方策」は、現在の「状態」に応じて次の「行動」を決定する戦略です。「Sarsa」の「方策」は、確率 ε（0以上1以下の定数）でランダムに行動を選択し、確率 1−ε で行動価値関数による行動を選択します。

「Sarsa」の「方策」を更新するには、「行動価値関数」を更新します。

図 4-3-3 Sarsa の方策の更新

「Sarsa」の「行動価値関数」の更新式は、次のとおりです。「パラメータ θ」に「学習係数」と「TD 誤差」を掛けた値を加算します。

$$Q(s_t,a_t) \leftarrow Q(s_t,a_t) + \eta * (R_{t+1} + \gamma * Q(s_{t+1},a_{t+1}) - Q(s_t,a_t))$$

TD 誤差

$Q(s_t,a_t)$：行動価値関数　　η：学習係数（1 回の学習の更新の大きさ）　　R_{t+1}：即時報酬
γ：時間割引率（0〜1）　　$Q(s_{t+1},a_{t+1})$：次ステップの行動価値関数

「TD（Temporal Difference）誤差」は、行動前の評価値と行動後の評価値との誤差のことです。最適化によって「TD 誤差」を「0」に近づけることで、行動前と行動後の評価値が一致するようになり、行動に対する報酬が正確に予測できるようになります。この正確な予測をもとに、報酬が最大になる行動を採ることで、最も収益が期待できる一連の行動になります。

「学習係数」は 1 回の学習で更新される大きさ、「時間割引率」は将来の報酬の割引率になります。

ソースコードで記述すると、次のようになります。ゴールでは次ステップが存在しないため、2 つの式に分かれています。

```
# Sarsaによる行動価値関数の更新
def sarsa(s, a, r, s_next, a_next, Q):
    eta = 0.1 # 学習係数
    gamma = 0.9 # 時間割引率

    if s_next == 8:
        Q[s, a] = Q[s, a] + eta * (r - Q[s, a])
    else:
        Q[s, a] = Q[s, a] + eta * (r + gamma * Q[s_next, a_next] - Q[s, a])
    return Q
```

Q学習による行動価値関数の更新

「Q学習」の方策は「Sarsa」とほぼ同一で、異なるのは「行動価値関数」の更新式のみになります。「Q学習」の「行動価値関数」の更新式は、次のとおりです。

$$Q(s_t,a_t) \leftarrow Q(s_t,a_t) + \eta * (R_{t+1} + \gamma * \max_a Q(s_{t+1},a) - Q(s_t,a_t))$$

TD誤差

$Q(s_t,a_t)$：行動価値関数　　η：学習係数（1回の学習の更新の大きさ）　　R_{t+1}：即時報酬
γ：時間割引率（0～1）　　$\max_a Q(s_{t+1},a_{t+1})$：次ステップの価値最大の行動選択時の行動価値関数

「Sarsa」は、行動価値関数の更新に「次ステップの行動」を使用します。この「次ステップの行動」には、ε-greedyのランダム性が含まれます。「Q学習」は、行動価値関数の更新に「次ステップの価値最大の行動」を使用するため、ε-greedyのランダム性は含まれません。そのため、「Sarsa」と比べて「Q学習」のほうが収束が早い一方で、局所解に陥りやすいと言われています。

ソースコードで記述すると、次のようになります。こちらも、ゴールでは次ステップが存在しないため、2つの式に分かれています。

```
# Q学習による行動価値関数の更新
def q_learning(s, a, r, s_next, a_next, Q):
    eta = 0.1 # 学習係数
    gamma = 0.9 # 時間割引率

    if s_next == 8:
        Q[s, a] = Q[s, a] + eta * (r - Q[s, a])
    else:
        Q[s, a] = Q[s, a] + eta * (r + gamma * np.nanmax(Q[s_next, :]) - Q[s, a])
    return Q
```

1エピソードの実行

1エピソードを実行して、履歴と行動価値関数を取得します。履歴は、[状態, 行動]のリストです。「Sarsa」でなく「Q学習」で実行したい場合は、sarsa()をq_learning()に変更してください。

```
# 1エピソードの実行
def play(Q, epsilon, eta, gamma, pi):
    s = 0 # 状態
    a = a_next = get_a(s, Q, epsilon, pi) # 行動の初期値
```

```python
        s_a_history = [[0, np.nan]]  # 状態と行動の履歴

        # エピソード完了までループ
        while True:
            # 行動に従って次の状態の取得
            a = a_next
            s_next = get_s_next(s, a)

            # 履歴の更新
            s_a_history[-1][1] = a
            s_a_history.append([s_next, np.nan])

            # 終了判定
            if s_next == 8:
                r = 1
                a_next = np.nan
            else:
                r = 0
                # 行動価値関数に従って行動の取得
                a_next = get_a(s_next, Q, epsilon, pi)

            # 行動価値関数の更新（※Q学習では「q_learning()」に変更）
            Q = sarsa(s, a, r, s_next, a_next, Q, eta, gamma)

            # 終了判定
            if s_next == 8:
                break
            else:
                s = s_next

        # 履歴と行動価値関数を返す
        return [s_a_history, Q]
```

 ## エピソードを繰り返し実行して学習

エピソードを繰り返し実行して、学習します。今回は、10回のエピソードを実行したら終了とします。

ε-greedyの値を少しずつ小さくする

「ε-greedy」の値は初期値は「0.5」で、1エピソード毎に「epsilon = epsilon / 2」で、少しずつ小さくしています。

```python
epsilon = 0.5  # ε-greedy法のεの初期値

# エピソードを繰り返し実行して学習
for episode in range(10):
    # ε-greedyの値を少しずつ小さくする
```

```
    epsilon = epsilon / 2

    # 1エピソード実行して履歴と行動価値関数を取得
    [s_a_history, Q] = play(Q, epsilon, pi_0)

    # 出力
    print('エピソード: {}, ステップ: {}'.format(
        episode, len(s_a_history)-1))
```

 学習の実行結果

学習を開始すると、次のようなログが表示されます。ゴールへの最短のステップ数である「4」に、少しずつ近づいていきます。

```
エピソード: 0, ステップ: 32
エピソード: 1, ステップ: 108
    （省略）
エピソード: 8, ステップ: 4
エピソード: 9, ステップ: 4
```

今回は学習状況を文字列で出力していますが、グラフで出力すると次のようになります。赤が濃いほど、最短経路の行動を選択する価値が高いことを示します。価値は最初はマス「8」（ゴール）の周囲のみですが、学習が進むとスタートに向かう経路に価値が付くようになることがわかります。マス「8」は行動しないので、白のままです。
今回の環境では、「Sarsa」と「Q 学習」はほぼ同じになります。

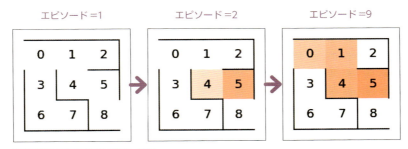

図 4-3-4 学習の様子をグラフで表示

 アニメーション表示

最後に履歴をもとに、アニメーション表示を行います。こちらも、前節「4-2 方策勾配法で迷路ゲーム」と同様です。

```
# アニメーションの定期処理を行う関数
def animate(i):
```

```
    state = s_a_history[i][0]
    circle.set_data((state % 3) + 0.5, 2.5 - int(state / 3))
    return circle

# アニメーションの表示
anim = animation.FuncAnimation(fig, animate, \
        frames=len(s_a_history), interval=200, repeat=False)
HTML(anim.to_jshtml())
```

4-4 DQN（deep Q-network）で CartPole

AlphaZero が対象とする「囲碁」「チェス」「将棋」は、たいへん複雑な環境のゲームです。これらの環境で強化学習を使うためには、より効率的な手法が必要になってきます。ここでは、その1つとして「DQN」を解説します。

DQN で CartPole を解く

「DQN（deep Q-network）」は、3章で紹介した「深層学習」と前節の「Q学習」を組み合わせた手法で、「深層強化学習」のアルゴリズムの1つです。

Q学習では「行動価値関数」（Q関数）を表形式で表現しましたが、状態の種類が増えると、表の行数も膨大なります。たとえば、100 × 100 ピクセルの画像を状態とする場合、10,000 行もの状態数があることになります。状態数が多い表形式をきちんと学習するには、非常に多くの学習が必要になり、現実的ではありません。

そこで、行動評価関数を「表形式」ではなく、「ニューラルネットワーク」で表現する手法が考案されました。これを「DQN」と呼びます。具体的には入力は「状態」、出力は「行動」となるニューラルネットワークで、ある状態である行動を採る確率を推論します。

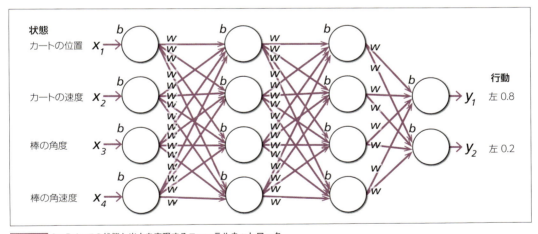

図 4-4-1 CarPole での状態と出力を表現するニューラルネットワーク

「DQN」（deep Q-network）について、詳しくは、米国コーネル大学図書館にあるアーカイブや、科学雑誌 Nature 誌の記事を参照してください。

> **DQN の論文**
> 「Playing Atari with Deep Reinforcement Learning」
> https://arxiv.org/abs/1312.5602

「Human-level control through deep reinforcement learning」
https://www.nature.com/articles/nature14236

　今回は、「DQN」で「OpenAI Gym」の環境の1つ「CartPole」を攻略します。「OpenAI Gym」は、非営利団体である「OpenAI」が提供している強化学習用のツールキットです。
　「OpenAI」では、強化学習のシミュレーションに利用できるさまざまな環境が用意されています。「CartPole」は、棒を倒さないようにバランスを取るゲームになります。
　「Google Colab」には、「OpenAI Gym」もはじめからインストールされているため、すぐに使い始めることができます。

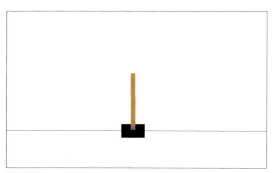

図 4-4-2 棒を倒さないようにバランスを取る「CartPole」ゲーム

　「DQN による CartPole」の強化学習の要素は、次のとおりです。

表 4-4-1 DQN による CartPole の強化学習の要素

強化学習の要素	CartPole
目的	棒を倒さないようにバランスをとる
エピソード	棒を倒すまで
状態	カートの位置 カートの速度 棒の角度 棒の角速度
行動	カートの左移動 カートの右移動
報酬	エピソード完了時に190ステップ以上で+1
学習手法	DQN
パラメータ更新間隔	行動1回ごと

　「DQN による CartPole」の強化学習サイクルは、次のとおりです。

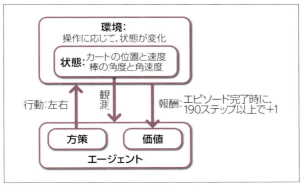

図 4-4-3 DQN による CartPole の強化学習サイクル

COLUMN

OpenAI Gym の環境

「OpenAI Gym」には、強化学習で利用できる環境が用意されています。どのような環境があるかは、「OpenAI Gym」のサイトで参照できます。

> **OpenAI Gym - Environment**
> https://gym.openai.com/envs/#classic_control

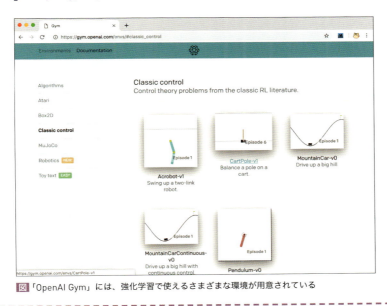

図 「OpenAI Gym」には、強化学習で使えるさまざまな環境が用意されている

ニューラルネットワークの入力と出力

「DQN」は、「Q学習」の「行動価値関数」を「表形式」ではなく、「ニューラルネットワーク」で表現します。

「表形式」の行動価値関数は、Q学習の更新式で更新しましたが、「ニューラルネットワーク」の行動価値関数は、ニューラルネットワークの「学習」によって更新します。

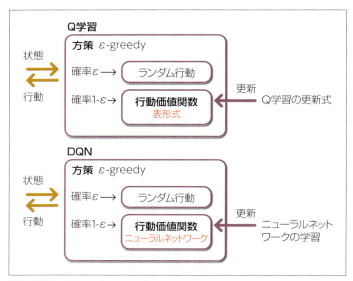

図4-4-4 「Q学習」と「DQN」の方策の更新

「DQN」のニューラルネットワークの入力は、環境の「状態」です。「CartPole」の状態数は「4」なので、入力シェイプは「(4,)」となります。

「CartPole」の状態
- カートの位置
- カートの速度
- 棒の角度
- 棒の角速度

入力の例は、次のとおりです。

カートの位置	カートの速度	棒の角度	棒の加速後
[0.02042962,	0.57895681,	-0.11439516,	-1.09839516]

「DQN」のニューラルネットワークの出力は、「行動」ごとの「価値」です。「CartPole」の行動数は「2」なので、出力シェイプは「(2,)」となります。

「CartPole」の出力
- カートの左移動の価値
- カートの右移動の価値

出力の例は、次のとおりです。

カートの左移動の価値	カートの右移動の価値
[0.C826246,	0.62835967]

　この「ニューラルネットワーク」を学習することによって、ある「状態」である「行動」
を採る「価値」を推論することができるようになります。

DQN の 4 つの工夫

　「DQN」は、行動価値関数をニューラルネットワークに変更しただけではありません。
安定して学習させるために、次のような 4 つの工夫がなされています。

Experience Replayd
　Q 学習では、「経験」（「状態」「行動」「報酬」「次の状態」）を逐次順番に学習していました。
この方法では、時間的に相関が高い内容を連続して学習してしまうため、学習が安定しな
い傾向にあります。
　そこで、DQN では「経験」をたくさんメモリに貯めておいて、あとでランダムに学習
します。これを「Experience Replayd」と呼びます。

Fixed Target Q-Network
　Q 学習は「行動価値関数」を更新するために、「行動価値関数」そのものを利用します。
そのためニューラルネットワークの更新を、更新中のニューラルネットワークで計算する
ことになり、学習が安定しない傾向にありました。
　そこで、更新を計算するためのニューラルネットワークをもう 1 つ別の用意して、こ
の問題を解決します。これを「Fixed Target Q-Network」と呼びます。
　更新対象となるニューラルネットワークを「main-network」、更新を計算するための
ニューラルネットワークを「target-Network」と呼びます。「target-network」は過去
の「main-network」で、一定間隔（今回はエピソード毎）で「main-network」の重み
を「target-network」に上書きして更新します。

Reward Clipping
　環境の報酬は、環境によってスケールが異なります。たとえば、Atari ゲームの Pong
では 1 回点を取るごとに「1 点」、Space Invaders では敵を倒すごとに「10 ～ 30 点」
というように、環境ごとに報酬の価値が変わります。
　そこで、すべての環境で報酬のスケールを、「-1」「0」「1」に固定します。これを「Clipping
Rewards」と呼びます。これによって、環境によらず同じハイパーパラメータで学習で
きるようになります。

Huber Loss
　ニューラルネットワークの誤差が大きい場合に、誤差関数に「平均二乗誤差」（mse）
を使用すると出力が大き過ぎて、学習が安定しない傾向にあります。そこで、DQN では

誤差が大きい場合でも値が安定している「Huber 関数」（huber）を使います。

パッケージのインポート

「DQN」に必要なパッケージのインポートを行います。

```
# パッケージのインポート
import gym
import numpy as np
from keras.models import Sequential
from keras.layers import Dense
from keras.optimizers import Adam
from collections import deque
from tensorflow.losses import huber_loss
```

パラメータの準備

パラメータの準備を行います。

「NUM_EPISODES」は学習するエピソード数、「MAX_STEPS」は 1 エピソード内の最大ステップ数、「GAMMA」は Q 学習の時間割引率です。

「WARMUP」は、環境をリセットした際の無操作とするステップ数です。これにより、ゲーム開始の初期状態にバラつきを与え、特定の開始状態に特化して学習が進むのを防ぎます。

「E_START」と「E_STOP」と「E_DECAY_RATE」は、ε-greedy の「ε」の初期値、最終値、減衰率になります。「MEMORY_SIZE」は「経験メモリ」のサイズ、「BATCH_SIZE」はバッチサイズです。「経験メモリ」は、後ほど説明します。

```
# パラメータの準備
NUM_EPISODES = 500 # エピソード数
MAX_STEPS = 200 # 最大ステップ数
GAMMA = 0.99 # 時間割引率
WARMUP = 10 # 無操作ステップ数

# 探索パラメータ
E_START = 1.0 # εの初期値
E_STOP = 0.01 # εの最終値
E_DECAY_RATE = 0.001 # εの減衰率

# メモリパラメータ
MEMORY_SIZE = 10000 # 経験メモリのサイズ
BATCH_SIZE = 32 # バッチサイズ
```

行動評価関数の定義

行動評価関数となる、ニューラルネットワークモデルを作成します。

今回は、「全結合層」を4つ重ねたモデルになります。入力数は「状態数」、出力数は「行動数」になります。出力層の活性化関数は「linear」を指定しています。これは活性化関数をかけない状態、つまり線形分離器になります。誤差関数には、「Huber 関数」（huber_loss）を指定します。これは、Keras にない TensorFlow の API になります。

```python
# 行動評価関数の定義
class QNetwork:
    # 初期化
    def __init__(self, state_size, action_size):
        # モデルの作成
        self.model = Sequential()
        self.model.add(Dense(16, activation='relu', input_dim=state_size))
        self.model.add(Dense(16, activation='relu'))
        self.model.add(Dense(16, activation='relu'))
        self.model.add(Dense(action_size, activation='linear'))

        # モデルのコンパイル
        self.model.compile(loss=huber_loss, optimizer=Adam(lr=0.001))
```

経験メモリの定義

「経験メモリ」は，過去の「経験」（「状態」「行動」「報酬」「次の状態」）を保持するメモリです。

1ステップ毎に add() で経験を追加し、sample() でバッチサイズ分の経験をランダムに取得し、ニューラルネットワークの学習を行います。

経験メモリの経験は、deque に格納されます。deque は list と似たデータ型ですが、引数 maxlen 以上の要素を追加しようとすると、自動的に先頭の要素から削除されます。そのため、昔の経験から順番に削除されます。

```python
# 経験メモリの定義
class Memory():
    # 初期化
    def __init__(self, memory_size):
        self.buffer = deque(maxlen=memory_size)

    # 経験の追加
    def add(self, experience):
        self.buffer.append(experience)

    # バッチサイズ分の経験をランダムに取得
    def sample(self, batch_size):
```

161

```
        idx = np.random.choice(np.arange(len(self.buffer)), size=batch_size,
replace=False)
        return [self.buffer[i] for i in idx]

    # 経験メモリのサイズ
    def __len__(self):
        return len(self.buffer)
```

 環境の作成

　OpenAI Gym の環境「Env」は、gym.make() で作成します。今回は「CartPole」の環境を利用するので、引数に 'CartPole-v0' を指定します。
　Env は、以下の2つのメンバ変数を持っています。env.action_space.n で行動数、env.observation_space.shape[0] で状態数を取得します。

表 4-4-2 OpenAI Gym の環境「Env」のメンバ変数

メンバ変数	型	説明
action_space	Space	行動空間
observation_space	Space	状態空間

　Env は、以下の5つのメソッドを持っています。後ほど、学習時に使います。

表 4-4-3 OpenAI Gym の環境「Env」のメソッド

メソッド	説明
reset()	環境をリセットし、初期の状態を返す
step(action)	行動を実行し、経験（状態、報酬、エピソード完了、情報）を返す。引数は、可視化モード（表4-4-4参照）
render(mode='human', close=False)	
close()	環境をクローズ
seed(seed=None)	乱数シードを固定

表 4-4-4 step() の引数の可視化モード

可視化モード	説明
human	ディスプレイに描画（「Google Colab」では使用不可）
rgb_array	ピクセル画像のRGB値
ansi	文字列

```
# 環境の作成
env = gym.make('CartPole-v0')
state_size = env.observation_space.shape[0] # 行動数
action_size = env.action_space.n # 状態数
```

main-network と target-network と経験メモリの作成

先ほど定義した「QNetwork」と「Memory」を利用して、「main-network」と「target-network」と「経験メモリ」を作成します。

```
# main-networkの作成
main_qn = QNetwork(state_size, action_size)

# target-networkの作成
target_qn = QNetwork(state_size, action_size)

# 経験メモリの作成
memory = Memory(MEMORY_SIZE)
```

学習の開始

準備が整ったので、学習を開始します。

環境のリセット

エピソード開始する際は、環境のリセットを行います。環境のリセットには、Env の reset() を使います。戻り値の状態のシェイプを「[4] → [1, 4]」に変換していますが、これはモデルに渡すデータ型（[バッチサイズ , 状態数]）になります。

エピソード数分のエピソードを繰り返す

エピソード数分のエピソードを繰り返します。

target-network の更新

「main-network」の重みを「target-network」に上書きする処理は、今回は 1 エピソード毎に行っています。重みの上書きは、model の get_weights() と set_weights() で行います。

1 エピソードのループ

1 エピソード分、ゲーム終了までの処理を行います。詳しくは、後ほど説明します。

エピソード完了時のログ表示

1 エピソード完了後、エピソード番号、ステップ数、ε のログを表示します。その後に、5 回連続成功（ステップ数が 190 以上の時を成功とする）していたら学習終了、そうでない時は次のエピソードに向けて、「環境のリセット」を行います。

```
# 学習の開始

# 環境の初期化
```

```
state = env.reset()
state = np.reshape(state, [1, state_size])

# エピソード数分のエピソードを繰り返す
total_step = 0 # 総ステップ数
success_count = 0 # 成功数
for episode in range(1, NUM_EPISODES+1):
    step = 0 # ステップ数

    # target-networkの更新
    target_qn.model.set_weights(main_qn.model.get_weights())

    # 1エピソードのループ
    (省略)

    # エピソード完了時のログ表示
    print('エピソード: {}, ステップ数: {}, epsilon: {:.4f}'.format(episode, step,
epsilon))

    # 5回連続成功で学習終了
    if success_count >= 5:
        break

    # 環境のリセット
    state = env.reset()
    state = np.reshape(state, [1, state_size])
```

1エピソードのループ

1エピソード分、ゲーム終了までの処理を行います。

εを減らす

パラメータ E_STOP、E_START、E_DECAY_RATE に応じて、εを減らします。

ランダムまたは行動価値関数に従って、行動の取得

εと乱数に応じて、ランダムまたは行動価値関数に従って、行動を選択します。ランダムな行動は「env.action_space.sample()」、行動価値関数による行動は「np.argmax(main_qn.model.predict(state)[0])」で取得します。

行動に応じて状態と報酬を得る

Env の step() を使って、行動に応じて状態とエピソード完了を取得します。
「CartPole」の環境が提供している報酬（1ステップ毎に1）も取得できますが、今回のサンプルでは使わず、独自の報酬（以下のエピソード完了ごとの報酬）を提供します。

エピソード完了時の処理

エピソード完了時に 190 ステップ以上で報酬 +1 とし、成功回数に 1 加算します。

そして、次の状態に状態なし（0 埋め配列）を代入し、経験メモリに経験を追加します。経験の追加は、ステップ数が WARMUP 以上の時のみ行います。

エピソード完了でない時の処理

エピソード完了でない時、つまり通常のステップ実行時には、報酬に 0 を指定します。そして、経験メモリに経験を追加します。この経験の追加も、ステップ数が WARMUP 以上の時のみ行います。

成功した時（エピソード完了時にステップ 190 以上）は報酬「1」、それ以外は報酬「0」という経験を蓄積して、これを学習に活かします。

行動価値関数の更新

経験メモリの数がバッチサイズ以上の時は、行動価値関数「main-network」の更新を行います。

(01) ニューラルネットワークの入力と出力の準備

ニューラルネットワークの入力「inputs」と出力「targets」を準備します。ニューラルネットワークの入力は「状態」でシェイプは「(バッチサイズ , 4)」、出力は「行動ごとの価値」で、シェイプは「(バッチサイズ , 2)」になります。初期値は、すべて「0」とします。

(02) バッチサイズ分の経験をランダムに取得

バッチサイズ分の「経験」をランダムに取得します。

(03) ニューラルネットワークの入力と出力の生成

取得した（経験）から、状態（state_b）、行動（action_b）、報酬（reward_b）、次の状態（next_state_b）を 1 セットずつ取り出します。この値を使って、ニューラルネットワークの入力「inputs」と出力「outputs」の中身を生成します。

経験の値の例は、次のとおりです。

状態 (state_b)	[0.02042962,	0,57895681,	-0.11439516,	-1.09839516]
行動 (action_b)	1			
報酬 (reward_b)	0			
次の状態 (next_state_b)	[0.03200876,	0.77538346,	-0.13636306	-1.42466824]

(3-1) 入力に状態を指定

inputs[i] に「state_b」を代入します。

（3-2）採った行動の価値を計算

「採った行動の価値」を計算します。次の行動が存在しない時は、target に「reward_b」、次の行動が存在する時は、targert に以下の式で計算した価値を代入します。これは、ニューラルネットワークに本来出力してもらいたい値になります。

$$Q(s_t, a_t) \leftarrow R_{t+1} + \gamma * \max_a Q(s_{t+1}, a)$$

$Q(s_t, a_t)$：行動価値関数　　R_{t+1}：即時報酬　　γ：時間割引率（0〜1）
$\max_a Q(s_{t+1}, a_{t+1})$：次ステップの価値最大の行動選択時の行動価値関数

（3-3）出力に行動ごとの価値を指定

targets[i] に、行動価値関数「main-network」で推論した「行動ごとの価値」（学習前の推論結果）を代入します。そして、targets[i][action_b] に、先ほど計算した「採った行動の価値」を代入します。

（04） 行動価値関数の更新

生成したニューラルネットワークの入力と出力を使って、行動価値関数「main-network」を学習します。

エピソード完了時

エピソード完了時は、エピソードループを抜けます。

```python
# 1エピソードのループ
for _ in range(1, MAX_STEPS+1):
    step += 1
    total_step += 1

    # εを減らす
    epsilon = E_STOP + (E_START - E_STOP)*np.exp(-E_DECAY_RATE*total_step)

    # ランダムな行動を選択
    if epsilon > np.random.rand():
        action = env.action_space.sample()
    # 行動価値関数で行動を選択
    else:
        action = np.argmax(main_qn.model.predict(state)[0])

    # 行動に応じて状態と報酬を得る
    next_state, _, done, _ = env.step(action)
    next_state = np.reshape(next_state, [1, state_size])
```

```python
        # エピソード完了時
        if done:
            # 報酬の指定
            if step >= 190:
                success_count += 1
                reward = 1
            else:
                success_count = 0
                reward = 0

            # 次の状態に状態なしを代入
            next_state = np.zeros(state.shape)

            # 経験の追加
            if step > WARMUP:
                memory.add((state, action, reward, next_state))
        # エピソード完了でない時
        else:
            # 報酬の指定
            reward = 0

            # 経験の追加
            if step > WARMUP:
                memory.add((state, action, reward, next_state))

            # 状態に次の状態を代入
            state = next_state

        # 行動価値関数の更新
        if len(memory) >= BATCH_SIZE:
            # ニューラルネットワークの入力と出力の準備
            inputs = np.zeros((BATCH_SIZE, 4)) # 入力(状態)
            targets = np.zeros((BATCH_SIZE, 2)) # 出力(行動ごとの価値)

            # バッチサイズ分の経験をランダムに取得
            minibatch = memory.sample(BATCH_SIZE)

            # ニューラルネットワークの入力と出力の生成
            for i, (state_b, action_b, reward_b, next_state_b) in
enumerate(minibatch):

                # 入力に状態を指定
                inputs[i] = state_b

                # 採った行動の価値を計算
                if not (next_state_b == np.zeros(state_b.shape)).all(axis=1):
                    target = reward_b + GAMMA * np.amax(target_qn.model.
predict(next_state_b)[0])
                else:
```

```
                target = reward_b

            # 出力に行動ごとの価値を指定
            targets[i] = main_qn.model.predict(state_b)
            targets[i][action_b] = target  # 採った行動の価値

        # 行動価値関数の更新
        main_qn.model.fit(inputs, targets, epochs=1, verbose=0)

    # エピソード完了時
    if done:
        # エピソードループを抜ける
        break
```

 学習の実行結果

学習を開始すると、次のようなログが表示されます。最大ステップ数が 200 なので、ステップ数は少しずつ 200 に近づいていきます。

```
エピソード: 1, ステップ数: 16, epsilon: 0.9843
エピソード: 2, ステップ数: 18, epsilon: 0.9669
        （省略）
エピソード: 69, ステップ数: 200, epsilon: 0.0109
エピソード: 70, ステップ数: 200, epsilon: 0.0107
```

今回は学習状況を文字列で出力していますが、グラフで出力すると次のようになります。さまざまな手を試した後、最後はステップ数 200 に収束していく様子がわかります。

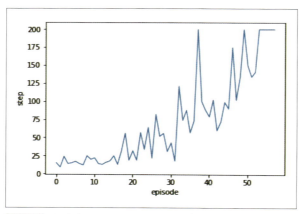

図 4-4-5 DQN による CartPole の学習状況のグラフ

ディスプレイの設定

「OpenAI Gym」は、ローカルで実行するのであれば、ステップ毎に「Env」のrender() を呼ぶだけで、環境を別ウィンドウで画面表示できます。しかし、「Google Colab」のようにクラウドで実行する場合は表示できません。そのままではエラーになります。

そこで以下の手順で、ディスプレイの設定を行います。

「Xvfb」（X virtual framebuffer）は、X Window System の仮想ディスプレイを作ることができるソフトウェアです。これによって、実際にスクリーンがない状態でも、GUI が必要なプログラムを実行できるようになります。

「pyvirtualdisplay」は、Python から仮想ディスプレイ（Xvfb）を作成するパッケージです。

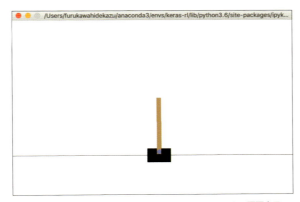

図 4-4-6 設定を変更し、「CartPole」環境を別ウィンドウで画面表示

```
# ディスプレイ設定のインストール
!apt-get -qq -y install xvfb freeglut3-dev ffmpeg> /dev/null
!pip install pyglet==1.3.2
!pip install pyopengl
!pip install pyvirtualdisplay
```

```
# ディスプレイ設定の適用
from pyvirtualdisplay import Display
import os
disp = Display(visible=0, size=(1024, 768))
disp.start()
os.environ['DISPLAY'] = ':' + str(disp.display) + '.' + str(disp.screen)
```

なお、インストール時に以下の警告がでる場合は、メニューで「ランタイム→ランタイムを再起動」を選択してください。

```
[pyglet]
You must restart the runtime in order to use newly installed versions.
```

 アニメーションフレームの作成

1エピソード分のゲームを実行して、ステップ枚の画面画像を収集します。Envの render(mode='rgb_array') を呼ぶことで、画面画像を取得することができます。

```python
# 評価
frames = [] # アニメーションフレーム

# 環境のリセット
state = env.reset()
state = np.reshape(state, [1, state_size])

# 1エピソードのループ
step = 0 # ステップ数
for step in range(1, MAX_STEPS+1):
    step += 1

    # アニメーションフレームの追加
    frames.append(env.render(mode='rgb_array'))

    # 最適行動を選択
    action = np.argmax(main_qn.model.predict(state)[0])

    # 行動に応じて状態と報酬を得る
    next_state, reward, done, _ = env.step(action)
    next_state = np.reshape(next_state, [1, state_size])

    # エピソード完了時
    if done:
        # 次の状態に状態なしを代入
        next_state = np.zeros(state.shape)

        # エピソードループを抜ける
        break
    else:
        # 状態に次の状態を代入
        state = next_state

# エピソード完了時のログ表示
print('ステップ数: {}'.format(step))
```

 アニメーションフレームをアニメーションに変換

アニメーションフレームをアニメーションに変換するには、「JSAnimation」を使います。「JSAnimation」は、matplotlibからJavascriptアニメーションを生成するパッケージです。

アニメーションを管理する「FuncAnimation」オブジェクトを生成します。「Func

Animation」の引数として、figure オブジェクト、アニメーションの定期処理、フレーム数と、1 フレームの時間を指定します。現在の figure オブジェクトは、plt.gcf() で取得します。

これを変更することで、アニメーションの表示内容も変更します。アニメーションの定期処理では、frames の画像を順番に表示しています。

そして、display_animation() で HTML オブジェクトを生成し、display() で HTML オブジェクトをノートブック上に表示しています。

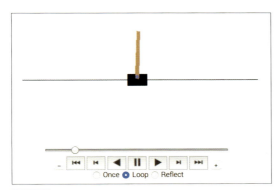

図 4-4-7 「CartPole」の学習結果のアニメーション表示

```
# JSAnimationのインストール
!pip install JSAnimation

# パッケージのインポート
import matplotlib.pyplot as plt
from matplotlib import animation
from JSAnimation.IPython_display import display_animation
from IPython.display import HTML

# アニメーション再生の定義
plt.figure(figsize=(frames[0].shape[1]/72.0, frames[0].shape[0]/72.0), dpi=72)
patch = plt.imshow(frames[0])
plt.axis('off')

# アニメーションの定期処理
def animate(i):
    patch.set_data(frames[i])

# アニメーション再生
anim = animation.FuncAnimation(plt.gcf(), animate, frames=len(frames), interval=50)
HTML(anim.to_jshtml())
```

COLUMN

深層強化学習のライブラリ

「深層強化学習」を行うには、ゼロから自分で実装するほかに、「深層強化学習のライブラリ」を利用する方法もあります。

「DQN」「A3C」はほとんどのライブラリで実装されており、実装済みアルゴリズムの数は「Coach」、分散アルゴリズム（Ape-X、IMPALAなど）は「RLlib」が充実しています。ソースコードが読みやすいのは「Stable Baselines」と「ChainerRL」になります。

Coach
https://github.com/NervanaSystems/coach

ライブラリ：TensorFlow

アルゴリズム：DQN、Double-DQN、Dueling Q Network、C51、MMC、PAL、QR-DQN、NSQ、NEC、NAF、Rainbow、PG、A3C/A2C、DDPG、PPO、GAE

RLLib
https://ray.readthedocs.io/en/latest/rllib.html

ライブラリ：Tensorflow、PyTorch

アルゴリズム：DQN、Double-DQN、Dueling Q Network、Rainbow、Ape-X、PG、A3C/A2C、DDPG、PPO、IMPALA

Stable Baselines
https://github.com/hill-a/stable-baselines

ライブラリ：TensorFlow

アルゴリズム：DQN、Double-DQN、Dueling Q Network、NSQ、NAF、PG、A3C/A2C、ACKTR、DDPG、PPO

ChainerRL
https://github.com/chainer/chainerrl

ライブラリ：Chainer

アルゴリズム：DQN、Double-DQN、Dueling Q Network、C51、PAL、NSQ、NAF、PG、A3C/A2C、ACER、DDPG、PPO、PCL、TRPO

Dopamine
https://github.com/google/dopamine

ライブラリ：Tensorflow

アルゴリズム：DQN、Double-DQN、C51、Rainbow、IQN、A3C/A2C

COLUMN

Unityの機械学習フレームワーク「Unity ML-Agents」

「OpenAI Gym」の環境は、ゲーム作成で人気の開発環境「Unity」で自作することもできます。Unityで強化学習を行うためのフレームワーク「Unity ML-Agents」で環境を作成することで、「OpenAI Gym」の環境としても利用できるようになります。

> **Unity ML-Agents Gym Wrapper**
> https://github.com/Unity-Technologies/ml-agents/blob/master/gym-unity/README.md

「Unity ML-Agents」については、自著「Unityではじめる機械学習・強化学習 Unity ML-Agents 実践ゲームプログラミング」（2018年刊、ボーンデジタル）で解説しています。

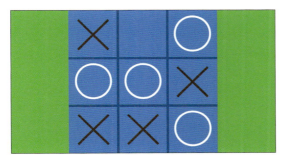

三目並べ

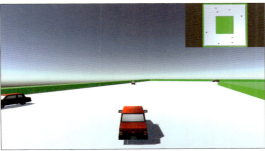

自動運転シミュレーション

図 同書で解説しているサンプルゲームの例

CHAPTER 5 探索

　これまで解説した「3章 深層学習」「4章 強化学習」は、汎用的な機械学習の手法ですが、ここで紹介する探索は、主に「二人零和有限確定完全情報ゲーム」で使われる手法になります。この手法は、「囲碁」「将棋」などのように交互に手を打って局面を進め、サイコロを振るなどのランダムな要素が入らないゲームで使われます。

　この章では、はじめに探索の基礎になる「ミニマックス法」と「アルファベータ法」について紹介します。これらの手法は、これまで紹介した本格的な機械学習が登場するかなり前からゲーム理論として研究されてきたものです。これらを改良した探索手法として、「原始モンテカルロ探索」「モンテカルロ木探索」が登場し、複雑な「二人零和有限確定完全情報ゲーム」でも、効率のよい探索を行えるようになりました。なお、AlphaZeroでは、探索の手法として「モンテカルロ木探索」が使われています。

　この章のサンプルは、すべて「三目並べ」を使っていますので、それぞれのアルゴリズムのベースとなる「ミニマックス法」から、どのように改良されて来たかを知ることができます。また、探索の概要については、1章「1-4 探索の概要」で整理していますので、こちらにも目を通してください。

▶ この章の目的

- 三目並べを例に、探索手法の出発点となる「ミニマックス法」と「アルファベータ法」の仕組みと実装を理解する
- 効率的な探索を実現するための「原始モンテカルロ探索」の手法と実装を理解する
- 「原始モンテカルロ探索」をさらに改良した「モンテカルロ木探索」の手法と実装を理解する

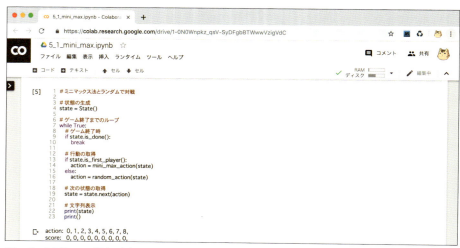

「ミニマックス法」での探索の実行画面。この章では、テキストベースで「三目並べ」を実行している

5-1 ミニマックス法で三目並べ

囲碁や将棋などの探索手法の原点は、ここで紹介する「ミニマックス法」になります。シンプルな「三目並べ」を例に、その手法を解説します。

ミニマックス法とは

「ミニマックス法」は、自分は自分にとって最善手を選び、相手は自分にとって最悪手を選ぶと仮定して、最善手を探す探索アルゴリズムです。探索アルゴリズムはいろいろありますが、「二人零和有限確定完全情報ゲーム」には、この「ミニマックス法」がよく使われます。

「二人零和有限確定完全情報ゲーム」の「二人」はプレイヤー数が2人、「零和」はプレイヤー間の利害が完全に対立（片方のプレイヤーが利を得ると、他方のプレイヤーに同量の害が生じる）、「有限」はゲームの手数が有限、「確定」はサイコロを振るなどのランダムな要素が入らない、「完全情報」はすべての情報が両方のプレイヤーに公開されている、という意味になります。AlphaZeroが対象とする「囲碁」「将棋」「チェス」などが、これにあたります。

図5-1-1は、現在の局面から、数手先（今回は3手先まで）の局面を調べ、リーフノードの状態評価を計算した「ゲーム木」になります。状態評価の計算については後述しますが、ここでは何らかの計算でこのような状態評価になったと思ってください。

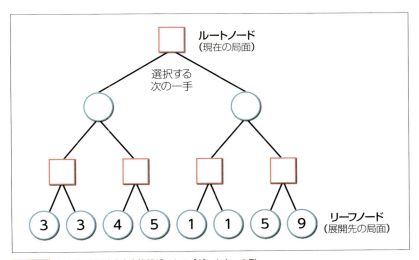

図 5-1-1 二人零和有限確定完全情報ゲームの「ゲーム木」の例

リーフノードの状態評価から、各ノードの状態評価を次のルールに従って計算します。

- 自局面（四角）のノードは、その子ノードの状態評価の最大値を状態価値とする
- 相手局面（丸）のノードは、その子ノードの状態評価の最小値を状態価値とする

計算した結果は、図 5-1-2 のようになります。

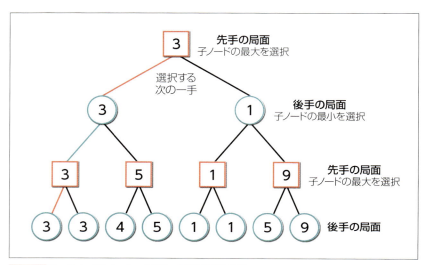

図 5-1-2 リーフノードから、ルールに従って状態評価を計算

ルートノードの子ノードの中で評価値の高いノードが、最善手となります。この例では、左の手が最善手になります。

三目並べの作成

はじめに、「三目並べ」のゲームの局面を表すクラス「State」を作ります。

State のメンバ変数

State のメンバ変数は、次の 2 つです。

表 5-1-1 State のメンバ変数

メンバ変数	型	説明
pieces	list	自分の石の配置
enemy_pieces	list	相手の石の配置

石の配置は、3×3 のマス目を長さ 9 の配列で表現しています。石が存在する時「1」、存在しない時「0」とします。マスと数値の関係は、次のとおりです。

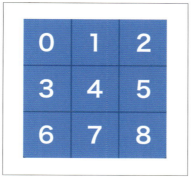

図5-1-3 「三目並べ」のマスは、1次元の配列で表す

State のメソッド

State のメソッドは、次の5つです。

表 5-1-2 State のメソッド

メソッド	説明
__init__(pieces=None, enemy_pieces=None)	三目並べの局面の初期化。引数は自分の石の配置と相手の石の配置
piece_count(pieces)	石の数の取得
is_lose()	負けかどうか
is_draw()	引き分けかどうか
is_done()	ゲーム終了かどうか
next(action)	行動に応じて次の状態を返す
legal_actions():	合法手の取得。戻り値は合法手の行動のリスト

以降が、三目並べのゲームのソースコードになります。

next() は、「行動」に応じて次の「状態」を取得します。「行動」は、石を配置するマスの位置を「0〜8」の数値で指定します。

legal_actions() は、合法手のリストを取得します。合法手とは選択可能な行動です。三目並べでは、空いているマスすべてになります。

```python
# 三目並べの作成
import random

# ゲームの状態
class State:
    # 初期化
    def __init__(self, pieces=None, enemy_pieces=None):
        # 石の配置
        self.pieces = pieces if pieces != None else [0] * 9
        self.enemy_pieces = enemy_pieces if enemy_pieces != None else [0] * 9

    # 石の数の取得
```

```python
    def piece_count(self, pieces):
        count = 0
        for i in pieces:
            if i == 1:
                count += 1
        return count

    # 負けかどうか
    def is_lose(self):
        # 3並びかどうか
        def is_comp(x, y, dx, dy):
            for k in range(3):
                if y < 0 or 2 < y or x < 0 or 2 < x or \
                    self.enemy_pieces[x+y*3] == 0:
                    return False
                x, y = x+dx, y+dy
            return True

        # 負けかどうか
        if is_comp(0, 0, 1, 1) or is_comp(0, 2, 1, -1):
            return True
        for i in range(3):
            if is_comp(0, i, 1, 0) or is_comp(i, 0, 0, 1):
                return True
        return False

    # 引き分けかどうか
    def is_draw(self):
        return self.piece_count(self.pieces) + self.piece_count(self.enemy_pieces)
== 9

    # ゲーム終了かどうか
    def is_done(self):
        return self.is_lose() or self.is_draw()

    # 次の状態の取得
    def next(self, action):
        pieces = self.pieces.copy()
        pieces[action] = 1
        return State(self.enemy_pieces, pieces)

    # 合法手のリストの取得
    def legal_actions(self):
        actions = []
        for i in range(9):
            if self.pieces[i] == 0 and self.enemy_pieces[i] == 0:
                actions.append(i)
        return actions

    # 先手かどうか
    def is_first_player(self):
```

```
            return self.piece_count(self.pieces) == self.piece_count(self.enemy_pieces)

    # 文字列表示
    def __str__(self):
        ox = ('o', 'x') if self.is_first_player() else ('x', 'o')
        str = ''
        for i in range(9):
            if self.pieces[i] == 1:
                str += ox[0]
            elif self.enemy_pieces[i] == 1:
                str += ox[1]
            else:
                str += '-'
            if i % 3 == 2:
                str += '\n'
        return str
```

 ランダムで行動選択

ランダムで行動選択する関数を作ります。legal_actions() で合法手を取得し、その中からランダムに手を選びます。

```
# ランダムで行動選択
def random_action(state):
    legal_actions = state.legal_actions()
    return legal_actions[random.randint(0, len(legal_actions)-1)]
```

ランダムとランダムで対戦

ランダムとランダムで三目並べを対戦させます。「ゲーム終了」まで、「行動の取得」と「次の状態の取得」を繰り返します。三目並べが正常に動いていることを確認してください。

```
# ランダムとランダムで対戦

# 状態の生成
state = State()

# ゲーム終了までのループ
while True:
    # ゲーム終了時
    if state.is_done():
        break;

    # 行動の取得
    action = random_action(state)
```

```python
# 次の状態の取得
state = state.next(action)

# 文字列表示
print(state)
print()
```

```
o--
---
---

ox-
---
---

ox-
o--
```

```
---
ox-
ox-
---

ox-
ox-
o--
```

ミニマックス法で状態価値の計算

「ミニマックス法」で状態（局面）の価値を計算する関数を作ります。State を渡すと、状態価値（大きいほど勝利確率が高い値）を返します。

ゲーム終了時

「状態」がゲーム終了時は、状態価値「－1：負け」「0：引き分け」を返します。

ゲーム終了でない時

「状態」がゲーム終了でない時は、合法手ごとの状態価値を計算し、その最大値を返します。合法手の状態価値は、再帰的にゲーム終了まで調べて計算しています。

「ミニマックス法」は、先手（自分）は先手にとって価値の高い手を選び、後手（相手）は先手にとって価値の低い手を選びます。ここで、合法手の状態価値の取得時に符号を反転すると、先手と同様に後手でも価値の高い手を選べばよいことになります。

つまり、「score = -mini_max(state.next(action))」のように符号を反転することで、先手・後手に関係なく状態価値の最大値を返せばよくなります。この「ミニマックス法」を簡単に実装する手法は、「ネガマックス法」とも呼ばれます。

ここで、再帰的にゲーム終了まで調べて計算するのは、コストがかなり高そうなのが気になるかと思います。実際、現在の局面からすべての手を展開することになるので、「三目並べ」は大丈夫でも、「将棋」や「チェス」のように局面が多いものは膨大な時間がかかり、現実的ではありません。

これについての対策は、以降の「3-3 原始モンテカルロ探索で三目並べ」「3-4 モンテカルロ木探索で三目並べ」で解説します。

```python
# ミニマックス法で状態価値計算
def mini_max(state):
    # 負けは状態価値-1
    if state.is_lose():
        return -1

    # 引き分けは状態価値0
    if state.is_draw():
        return  0

    # 合法手の状態価値の計算
    best_score = -float('inf')
    for action in state.legal_actions():
        score = -mini_max(state.next(action))
        if score > best_score:
            best_score = score

    # 合法手の状態価値の最大値を返す
    return best_score
```

ミニマックス法で行動選択

「ミニマックス法」で状態（局面）に応じて、行動を返す関数を作ります。State を渡すと、行動（石を置くマス：0〜8）を返します。

合法手ごとの状態価値を計算し、その最大値を持つ行動を選択します。

```python
# ミニマックス法で行動選択
def mini_max_action(state):
    # 合法手の状態価値の計算
    best_action = 0
    best_score = -float('inf')
    str = ['','']
    for action in state.legal_actions():
        score = -mini_max(state.next(action))
        if score > best_score:
            best_action = action
            best_score  = score

        str[0] = '{}{:2d},'.format(str[0], action)
        str[1] = '{}{:2d},'.format(str[1], score)
    print('action:', str[0], '\nscore: ', str[1], '\n')

    # 合法手の状態価値の最大値を持つ行動を返す
    return best_action
```

ミニマックス法とランダムで対戦

ミニマックス法とランダムで対戦します。先手は mini_max_action()、後手は random_action() を使うようにします。複数回実行して、先手（○）の「ミニマックス法」が強いことを確認してください。

```
# ミニマックス法とランダムで対戦

# 状態の生成
state = State()

# ゲーム終了までのループ
while True:
    # ゲーム終了時
    if state.is_done():
        break

    # 行動の取得
    if state.is_first_player():
        action = mini_max_action(state)
    else:
        action = random_action(state)

    # 次の状態の取得
    state = state.next(action)

    # 文字列表示
    print(state)
    print()
```

```
action:  0, 1, 2, 3, 4, 5, 6, 7, 8,
score:   0, 0, 0, 0, 0, 0, 0, 0, 0,

o--
---
---


o--
---
-x-

action:  1, 2, 3, 4, 5, 6, 8,
score:   0, 1,-1, 1, 0, 1, 0,
```

```
o-o
---
-x-


o-o
---
-xx

action:  1, 3, 4, 5, 6,
score:   1,-1,-1,-1, 1,

ooo
---
-xx
```

5-2 アルファベータ法で三目並べ

前節の「ミニマックス法」では、ゲームの最終局面まで実行して評価を行うため時間がかかってしまいます。それを改善するための手法として、ここでは「アルファベータ法」を紹介します。

アルファベータ法とは

「アルファベータ法」は、「ミニマックス法」を改良した探索アルゴリズムです。「ミニマックス法」において、計算しなくても同じ計算結果になる部分を読まない処理（「枝刈り」と言う）を行って、高速化を実現します。

「アルファベータ法」の探索手順は、「ミニマックス法」と同じです。ここでは、図5-2-1の左側から探索していくとします。

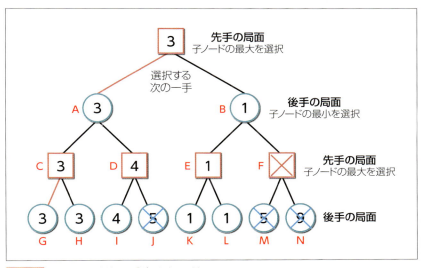

図 5-2-1 アルファベータ法での「ゲーム木」の例

はじめに、ノード「I」を探索した時のことを考えます。ノード「I」の評価が「4」なので、ノード「D」の評価が「4以上」になります。ノード「C」の評価は「3」で、4より小さいので、この時点でノード「A」の評価は「3」に決まります。そのため、ノード「D」に遷移することはなくなり、ノード「J」を探索する必要がなくなります。

このように、あるノードの評価がある値以上になるために、探索を打ち切ることを「βカット」と呼びます。

次に、ノード「E」を探索した時のことを考えます。ノード「E」の評価は1なので、ノー

ド「B」の評価は 1 以下となります。すると、ノード「A」の評価が 3 なので、ノード「B」に遷移することはなくなり、ノード「F」以下を探索する必要がなくなります。

このように、あるノードの評価がある値以下になるために、探索を打ち切ることを「αカット」と呼びます。

この「αカット」と「βカット」によって、無駄な探索をしないようにする方法を「アルファベータ法」と呼びます。

三目並べの作成

前節「5-1 ミニマックス法で三目並べ」と同様なので、前節を参照して作成してください。

ミニマックス法で状態価値の計算

前節「5-1 ミニマックス法で三目並べ」と同様なので、前節を参照して作成してください。print() は、削除しています。

アルファベータ法で状態価値の計算

「アルファベータ法」での状態価値の計算方法は、「ミニマックス法」を改良したものになります。

改良 1

mini_max_plus() では、合法手の状態価値の取得時に符号を反転しているため、先手と同様に後手でも価値の高い手を選んで返します。状態価値計算の再帰ループでは、親ノードは現ノードの最小値を選択します。そのため、現ノードのベストスコアが親ノードのベストスコアを超えたら、現ノードは使われることがなくなり、探索を終了できます。

ソースコードで記述すると、次のようになります。

メソッドの引数「limit」を追加します。「limit」は、親ノードのベストスコアになります。メソッドを再帰的に呼び出す際に、ベストスコアを「-best_score」のように符号を反転しているのがポイントです。

現ノードのベストスコアが親ノードのベストスコアを超えているかどうかは、「if best_score >= limit:」で判定しています。

```
# 少し改良したミニマックス法で状態価値計算
def mini_max_plus(state, limit):
    # 負けは状態価値：－1
    if state.is_lose():
```

```
    return -1

# 引き分けは状態価値：0
if state.is_draw():
    return  0

# 合法手の状態価値の計算
best_score = -float('inf')
for action in state.legal_actions():
    score = -mini_max_plus(state.next(action), -best_score)
    if score > best_score:
        best_score = score

    # 現ノードのベストスコアが親ノードを超えたら探索終了
    if best_score >= limit:
        return best_score

# 合法手の状態価値の最大値を返す
return best_score
```

改良 2

このメソッドは、さらに改良できます。

mini_max_plus() の先で呼び出される mini_max_plus() は、自分の局面です。そのため、2つ先の呼び出しのベストスコアを、「-float('inf')」ではなく現在のベストスコアから始めることができます。ベストスコアの初期値を大きくすることで、探索が打ち切りできる範囲が広がります。

ソースコードで記述すると、次のようになります。

メソッドに引数「alpha」と「beta」を追加します。「alpha」は親ノードの親ノード（つまり自分）のベストスコア、「beta」は親ノードのベストスコアになります。

「alpha」は自分のベストスコアなので、「alpha」以上のスコアを取得したら「alpha」を更新します。「beta」は親ノードのベストスコアなので、「alpha」以下だったら探索を終了します。

メソッドを再帰的に呼び出す時、alpha と beta を左右入れ替えているのがポイントになります。これが、「アルファベータ法」になります。

```
# アルファベータ法で状態価値計算
def alpha_beta(state, alpha, beta):
    # 負けは状態価値：-1
    if state.is_lose():
        return -1

    # 引き分けは状態価値：0
    if state.is_draw():
        return  0
```

```python
    # 合法手の状態価値の計算
    for action in state.legal_actions():
        score = -alpha_beta(state.next(action), -beta, -alpha)
        if score > alpha:
            alpha = score

        # 現ノードのベストスコアが親ノードを超えたら探索終了
        if alpha >= beta
            return alpha

    # 合法手の状態価値の最大値を返す
    return alpha
```

アルファベータ法で行動選択

「アルファベータ法」で、状態（局面）に応じて行動を返す関数を作ります。

「ミニマックス法」との違いは、best_score の名前を「alpha」とする部分と、「beta」の初期値として「-float('inf')」を指定する部分になります。

```python
# アルファベータ法で行動選択
def alpha_beta_action(state):
    # 合法手の状態価値の計算
    best_action = 0
    alpha = -float('inf')
    str = ['','']
    for action in state.legal_actions():
        score = -alpha_beta(state.next(action), -float('inf'), -alpha)
        if score > alpha:
            best_action = action
            alpha = score

        str[0] = '{}{:2d},'.format(str[0], action)
        str[1] = '{}{:2d},'.format(str[1], score)
    print('action:', str[0], '¥nscore: ', str[1], '\n')
    # 合法手の状態価値の最大値を持つ行動を返す
    return best_action
```

アルファベータ法とミニマックス法の対戦

「アルファベータ法」と「ミニマックス法」で対戦します。先手は alpha_beta_action()、後手は mini_max_action() を使うようにします。

「アルファベータ法」のほうが実行速度は上がりましたが、強さは互角になります。

```python
# アルファベータ法とミニマックス法の対戦

# 状態の生成
```

```python
state = State()

# ゲーム終了までのループ
while True:
    # ゲーム終了時
    if state.is_done():
        break

    # 行動の取得
    if state.is_first_player():
        action = alpha_beta_action(state)
    else:
        action = mini_max_action(state)

    # 次の状態の取得
    state = state.next(action)

    # 文字列表示
    print(state)
    print()
```

```
action:  0, 1, 2, 3, 4, 5, 6, 7, 8,
score:   0, 0, 0, 0, 0, 0, 0, 0, 0,

o--
---
---


o--
-x-
---


action:  1, 2, 3, 5, 6, 7, 8,
score:   0, 0, 0, 0, 0, 0, 0,

oo-
-x-
---


oox
-x-
---


action:  3, 5, 6, 7, 8,
score:  -1,-1, 0, 0, 0,
```

```
oox
-x-
o--


oox
xx-
o--


action:  5, 7, 8,
score:   0,-1,-1,

oox
xxo
o--


oox
xxo
ox-


action:  8,
score:   0,

oox
xxo
oxo
```

5-3 原始モンテカルロ探索で三目並べ

前節の「アルファベータ法」は、ゲーム木で展開されるすべての局面の評価がわかるので、最強の手法になります。ただし、複雑なゲームでは探索に時間がかかるため実際には使えません。局面が膨大なゲームでも使える探索手法の1つが、ここで紹介する「原始モンテカルロ探索」になります。

 ### 原始モンテカルロ探索とは

「アルファベータ法」で、最強の三目並べのAIが完成しました。しかし、気になりつつも後回しにしていた部分が残っています。局面の評価に、再帰的にゲーム終了まで調べて計算していた部分です。アルファベータ法で枝刈りしたとはいえ、三目並べは大丈夫でも、「将棋」や「チェス」のように局面が多いゲームの場合は膨大な時間がかかり、現実的ではありません。

そこで、さらに手を展開する部分を絞って状態価値を計算する手法を考えます。これを実現する手法として、「手作りの評価関数」と「原始モンテカルロ探索」「モンテカルロ木探索」が挙げられます。

手作りの評価関数

「手作りの評価関数」は、将棋であれば、歩の数が4つ以上あったら1点、飛車角が動けるマスが多ければ1点というように、プログラマが自分で計算方法を考えて評価関数を作る手法です。

強い評価関数を作るには、本人がまずゲームをよく知り強くなる必要があり、さらにはその知識をアルゴリズムに落とし込まなければならないため、非常に難易度の高い作業になります。

原始モンテカルロ探索、モンテカルロ木探索

「原始モンテカルロ探索」「モンテカルロ木探索」は、ランダムシミュレーションによって状態価値を計算する手法です。「モンテカルロ」と聞くと難しそうに思えますが、ただの「ランダム」です。

現在の局面からゲーム終了まで何回もランダムプレイを行い、その勝率の高い手を価値が高いと見なします。「原始モンテカルロ探索」の改良版が、「モンテカルロ木探索」になります。

この節では「原始モンテカルロ探索」を、次節で「モンテカルロ木探索」を解説します。

 ### 三目並べの作成

この章の冒頭の「5-1 ミニマックス法で三目並べ」と同様なので、前々節を参照して作

成してください。

ランダムで状態価値計算

この章の冒頭の「5-1 ミニマックス法で三目並べ」と同様なので、前々節を参照して作成してください。こちらは、原始モンテカルロ探索の場合と対戦させて、結果を比較するためのものです。

アルファベータ法で状態価値計算

前節「5-2 アルファベータ法で三目並べ」と同様なので、前節を参照して作成してください。print() は、削除しています。こちらは、原始モンテカルロ探索の場合と対戦させて、結果を比較するためのものです。

プレイアウト

現在の局面からゲーム終了までプレイすることを「プレイアウト」と呼びます。ゲーム終了まで合法手をランダムに打ち合い、状態価値「1：勝ち」「－1：負け」「0：引き分け」を返す関数を作ります。

ランダムに手を選ぶにしても、「チェス」や「将棋」などの場合、決着が着くまでかなり手数がかかりそうに思えますが、実はそれほどかかりません。たとえばチェスの場合、任意の局面の合法手は平均 35 で、平均 80 手で勝負がつきます。

そのためすべてのノードを探索しようとすると 35^{80} 手、すなわち 10^{120} 手もの計算が必要になります。しかし、プレイアウトであれば、1 回につき 80 手ほどの計算だけで済むようになります。

```python
# プレイアウト
def playout(state):
    # 負けは状態価値：－1
    if state.is_lose():
        return -1

    # 引き分けは状態価値：0
    if state.is_draw():
        return  0

    # 次の状態の状態価値
    return -playout(state.next(random_action(state)))
```

原始モンテカルロ探索で行動選択

原始モンテカルロ探索での状態価値の計算を行います。今回は、合法手ごとに、10回プレイアウトした時の状態価値の合計を計算します。そして、合計が最も大きな行動を選択します。プレイアウトの回数は多いほど精度は増しますが、そのぶん時間がかかります。

```python
# 原始モンテカルロ探索で行動選択
def mcs_action(state):
    # 合法手ごとに10回プレイアウトした時の状態価値の合計の計算
    legal_actions = state.legal_actions()
    values = [0] * len(legal_actions)
    for i, action in enumerate(legal_actions):
        for _ in range(10):
            values[i] += -playout(state.next(action))

    # 合法手の状態価値の合計の最大値を持つ行動を返す
    return legal_actions[argmax(values)]
```

argmax()は、集合の中の最大値のインデックスを返す関数です。たとえば、「argmax([2, 5, 3])」なら最大値は「5」なので、その値のインデックス「1」（0から数えて2番目）を返しています。状態価値の合計が、一番大きな行動を選ぶために使用しています。

```python
# 最大値のインデックスを返す
def argmax(collection, key=None):
    return collection.index(max(collection))
```

 原始モンテカルロ探索とランダムおよびアルファベータ法の対戦

原始モンテカルロ探索とランダムおよびアルファベータ法で対戦します。100回ゲームをプレイしてその勝率を表示しています。また、三目並べでは先手有利なので、先手後手を交互に交代するようにしています。

結果を見ると、原始モンテカルロ探索はランダムに圧勝ですが、アルファベータ法には負けていることがわかります。三目並べでは、再帰的にゲーム終了まで調べているアルファベータ法が最強なので、なかなか勝つのは難しいです。

```python
# 原始モンテカルロ探索とランダムおよびアルファベータ法の対戦

# パラメータ
EP_GAME_COUNT = 100  # 1評価あたりのゲーム数

# 先手プレイヤーのポイント
def first_player_point(ended_state):
    # 1：先手勝利, 0：先手敗北, 0.5：引き分け
    if ended_state.is_lose():
        return 0 if ended_state.is_first_player() else 1
    return 0.5
```

```python
# 1ゲームの実行
def play(next_actions):
    # 状態の生成
    state = State()

    # ゲーム終了までループ
    while True:
        # ゲーム終了時
        if state.is_done():
            break

        # 行動の取得
        next_action = next_actions[0] if state.is_first_player() else next_actions[1]
        action = next_action(state)

        # 次の状態の取得
        state = state.next(action)

    # 先手プレイヤーのポイントを返す
    return first_player_point(state)

# 任意のアルゴリズムの評価
def evaluate_algorithm_of(label, next_actions):
    # 複数回の対戦を繰り返す
    total_point = 0
    for i in range(EP_GAME_COUNT):
        # 1ゲームの実行
        if i % 2 == 0:
            total_point += play(next_actions)
        else:
            total_point += 1 - play(list(reversed(next_actions)))

        # 出力
        print('\rEvaluate {}/{}'.format(i + 1, EP_GAME_COUNT), end='')
    print('')

    # 平均ポイントの計算
    average_point = total_point / EP_GAME_COUNT
    print(label.format(average_point))

# VSランダム
next_actions = (mcs_action, random_action)
evaluate_algorithm_of('VS_Random {:.3f}', next_actions)

# VSアルファベータ法
next_actions = (mcs_action, alpha_beta_action)
evaluate_algorithm_of('VS_AlphaBeta {:.3f}', next_actions)
```

```
Evaluate 100/100
VS_Random 0.880
Evaluate 100/100
VS_AlphaBeta 0.260
```

5-4 モンテカルロ木探索で三目並べ

前節の「原始モンテカルロ法」をさらに改良した探索手法が、ここで紹介する「モンテカルロ木探索」です。「モンテカルロ木探索」では、前章の「強化学習」でも使われる手法が探索に導入されている点がポイントになります。

モンテカルロ木探索とは

「原始モンテカルロ法」では、10回プレイアウトして9勝1敗の手があったら、その手を選びます。しかし、相手が自分にとって最悪手、つまりその1敗になる手を必ず選んでくるとしたら、必ず負けてしまいます。

そこで、「有望な手」をより深く調べることによって、この問題に対処します。この手法を「モンテカルロ木探索」（Monte Carlo Tree Search）と呼びます。

「モンテカルロ木探索」が行うシミュレーションは、「選択」「評価」「展開」「更新」の4つの操作で構成されています。

初期状態

「モンテカルロ木探索」の「ゲーム木」の初期状態は、「ルートノード」（現在の局面）とその「子ノード」（次の一手）のみからはじまります。

そして各ノードは、「累計価値」と「試行回数」の情報を持ちます。「累計価値」は、シミュレーション毎に、ノードが探索の通り道だった時、ゲーム結果に応じて、「勝ち：1」「負け：－1」「引き分け：0」を加算する値になります。「試行回数」は、シミュレーション毎に、ノードが探索の通り道だった時、「1」を加算する値になります。

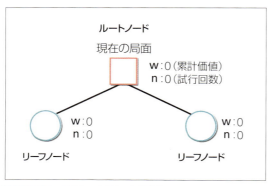

図 5-4-1 モンテカルロ木探索の初期状態

▎選択

「探索」のスタート地点は「ルートノード」です。「ルートノード」から「子ノード」が存在したら選択して移動という操作を、「リーフノード」（子ノードのないノード）に到達するまで繰り返します。この操作を「選択」（Selection）と呼びます。

この時、「UCB1」（バイアス＋勝率）が最も大きな子ノードを選択して手を進めます。この「UCB1」は、4章「4-1 多腕バンディット問題」で紹介したものとほぼ同じで、「成功回数」だった部分を「累計価値」に変更しています。これによって、基本的には価値の高い手を選びますが、適度に試行回数が少ない手も選ぶようになります。

$$UCB1 = \frac{w}{n} + \left(\frac{2*\log(t)}{n}\right)^{\frac{1}{2}}$$

成功率　　バイアス

n：この行動の試行回数
w：この行動の累計価値
t：すべての行動の試行回数の合計

しかし「UCB1」は、すべての「子ノード」が試行回数1以上でないと計算できない（0で割ることになる）ため、試行回数0の「子ノード」がある時は、そのノードから選択します。初回は両方0なので、先に見つけたほうから選択します。

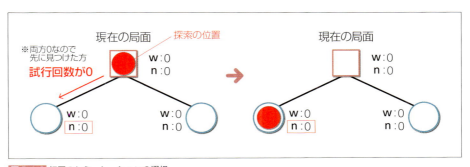

図 5-4-2 初回のシミュレーションの選択

▎評価

「探索」が「リーフノード」に到達した時、「プレイアウト」を実行します。この操作を「評価」（Evaluation）と呼びます。

ゲーム終了まで合法手をランダムに打ち合い、「勝ち：1」「負け：－1」「引き分け：0」という「価値」を算出します。そして、「リーフノード」の「累計報酬」にその「価値」、「試行回数」に1を加算します。

この例では、このリーフノードからランダムに合法手を選んで手を打ち合ったところ「勝ち」になったため、「累積報酬」と「試行回数」に1が加算されました。

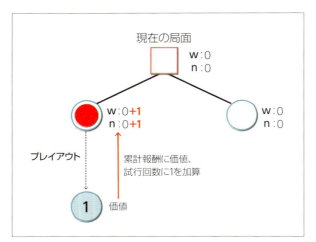

図 5-4-3 初回のシミュレーションの評価

展開

プレイアウト後に、「リーフノード」の試行回数が任意の回数以上（今回は10回とします）となったら、そのノードが持つ合法手を子ノードとして追加します。この操作を「展開」（Expansion）と呼びます。

初回のシミュレーションでは、「リーフノード」の試行回数はまだ「1」なので「展開」しません。

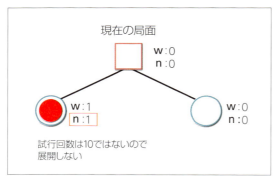

図 5-4-4 初回のシミュレーションの展開

更新

プレイアウトが終わったら、「ルートノード」まで戻りながら、ノードの「累計報酬」にプレイアウトで算出した価値、「試行回数」に 1 を加算する操作を繰り返します。この操作を「更新」（Backup）と呼びます。

初回のシミュレーションでは、「ルートノード」の「累計価値」「試行回数」の更新のみになります。

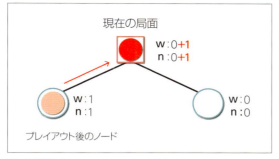

図 5-4-5 初回のシミュレーションの更新

2回目のシミュレーション

「ルートノード」から探索を開始し、「選択」「評価」「展開」「更新」の4つの操作で探索を行い、「ルートノード」まで戻ってくることで、シミュレーション1回分となります。

2回目のシミュレーションでは、「選択」で試行回数0の右のリーフノードを選択します。そして、「プレイアウト」を実行後、「展開」は試行回数が10ではないので展開せず、「更新」で「累計価値」と「試行回数」を更新します。

この例では「負け」なので、価値「−1」で更新しています。

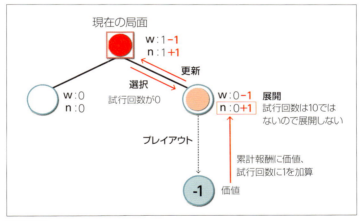

図 5-4-6 2回目のシミュレーション

3回目のシミュレーション

3回目のシミュレーションでは、「選択」では全子ノードの試行回数が1以上になったので、「UCB1」(バイアス+勝率)が最も大きな子ノードを選択します。そして、「プレイアウト」を実行後、「展開」は試行回数が10でないので展開せず、「更新」で「累計価値」と「試行回数」を更新します。

この例では「勝ち」なので、価値「+1」で更新しています。

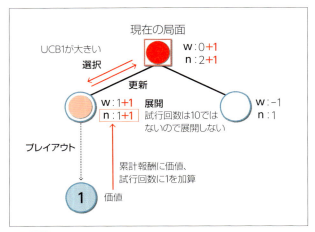

図 5-4-7 3回目のシミュレーション

15回目のシミュレーション

シミュレーションを繰り返し、「リーフノード」の試行回数が「10」になった時、「展開」を行います。「累計価値」「試行回数」が0の子ノードが合法手の数だけ作成されます。

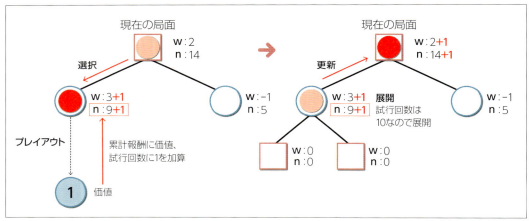

図 5-4-8 15回目のシミュレーション

16回目のシミュレーション

ルートノードから離れたリーフノードで「更新」を行う時は、「ルートノード」に戻るまでに通る全ノードの「累計価値」「試行回数」を更新します。

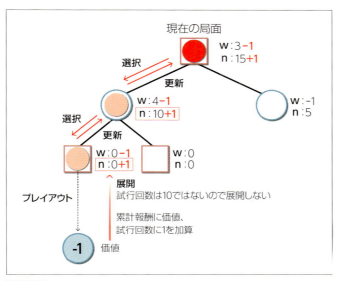

図 5-4-9 16回目のシミュレーション

試行回数が最大の行動を選択

十分に（今回は100回）シミュレーションを繰り返した後、「試行回数」が最大の行動を「次の一手」として選択します。「累積価値」は探索時のみに使われ、最終的な行動選択には使われません。

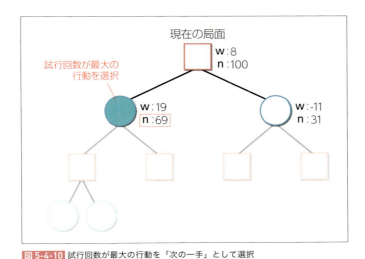

図 5-4-10 試行回数が最大の行動を「次の一手」として選択

三目並べの作成

この章の冒頭の「5-1 ミニマックス法で三目並べ」と同様なので、冒頭の節を参照して作成してください。

ランダムで状態価値計算

　この章の冒頭の「5-1 ミニマックス法で三目並べ」と同様なので、冒頭の節を参照して作成してください。こちらは、モンテカルロ木探索の場合と対戦させて、結果を比較するためのものです。

アルファベータ法で状態価値計算

　前々節「5-2 アルファベータ法で三目並べ」と同様なので、前々節を参照して作成してください。こちらは、モンテカルロ木探索の場合と対戦させて、結果を比較するためのものです。

モンテカルロ木探索の行動選択

　以下のソースコードの「mcts_action(state)」は、「モンテカルロ木探索」で状態（局面）に応じて行動を返します。引数は状態のみです。
　現在の局面のノードの作成後、100 回のシミュレーションを実行します。その結果、「試行回数」が最大の行動を「次の一手」として選択します。

モンテカルロ木探索のノード

　モンテカルロ木探索のノードは、管理が楽になるように「Node」クラスとしてまとめます。Node クラスのメンバ変数は、次のとおりです。

表 5-4-1 Node クラスのメンバ変数

メンバ変数	型	説明
state	State	状態
w	int	累計価値
n	int	試行回数
child_nodes	list	子ノード群。要素の型はnode

　Node クラスのメソッドは、次のとおりです。

表 5-4-2 Node クラスのメソッド

メソッド	説明
__init__(state)	ノードの初期化
evaluate()	局面の価値の計算 戻り値は1：勝ち、－1：負け、0：引き分け
expand()	子ノードの展開
next_child_node()	UCB1が最大の子ノードの取得

以下のソースコードの省略部分は、後ほどメソッドごとに説明します。

```python
import math

# モンテカルロ木探索の行動選択
def mcts_action(state):
    # モンテカルロ木探索のノードの定義
    class Node:
        （省略）

    # 現在の局面のノードの作成
    root_node = Node(state)
    root_node.expand()

    # 100回のシミュレーションを実行
    for _ in range(100):
        root_node.evaluate()

    # 試行回数の最大値を持つ行動を返す
    legal_actions = state.legal_actions()
    n_list = []
    for c in root_node.child_nodes:
        n_list.append(c.n)
    return legal_actions[argmax(n_list)]
```

■ ノードの初期化

　__init__() は、ノードの初期化を行います。累計回数と試行回数は 0、子ノードは None で初期化します。

```python
# 初期化
def __init__(self, state):
    self.state = state # 状態
    self.w = 0 # 累計価値
    self.n = 0 # 試行回数
    self.child_nodes = None  # 子ノード群
```

■ 局面の価値の計算

　evaluate() は、局面の価値の計算を行います。

（1）ゲーム終了時

　ゲーム終了時は、負けは－ 1、引き分けは 0 を返します。この時、ノードの累計価値と試行回数も更新します。

（2）子ノード群が存在しない時

　ゲーム終了時以外で、子ノード群が存在しないノードは、子ノードが展開できるが、まだ展開していないノードです。子ノード群が存在しない時は、プレイアウトを行い、価値

を取得します。

　この時、ノードの累計価値と試行回数も更新します。また、試行回数が 10 回になったら、子ノード群を展開しています。

（3）子ノード群が存在する時

　子ノード群が存在する時（リーフではないノード）は、UCB1 が最大の子ノードの評価を再帰的に計算します。この時、ノードの累計価値と試行回数も更新します。また、evaluate() の価値は相手局面の価値なので、マイナスを付加しています。

```python
# 局面の価値の計算
def evaluate(self):
    # ゲーム終了時
    if self.state.is_done():
        # 勝敗結果で価値を取得
        value = -1 if self.state.is_lose() else 0 # 負けは－1、引き分けは0

        # 累計価値と試行回数の更新
        self.w += value
        self.n += 1
        return value

    # 子ノードが存在しない時
    if not self.child_nodes:
        # プレイアウトで価値を取得
        value = playout(self.state)

        # 累計価値と試行回数の更新
        self.w += value
        self.n += 1

        # 子ノードの展開
        if self.n == 10:
            self.expand()
        return value

    # 子ノードが存在する時
    else:
        # UCB1が最大の子ノードの評価で価値を取得
        value = -self.next_child_node().evaluate()

        # 累計価値と試行回数の更新
        self.w += value
        self.n += 1
        return value
```

🔲 子ノードの展開

　expand() は、子ノードの展開を行います。合法手の数だけノードを作成し、child_nodes に追加しています。

```python
# 子ノードの展開
def expand(self):
    legal_actions = self.state.legal_actions()
    self.child_nodes = []
    for action in legal_actions:
        self.child_nodes.append(Node(self.state.next(action)))
```

▶ UCB1 が最大の子ノードの取得

next_child_node() は、UCB1 が最大の子ノードの取得を行います。試行回数が 0 の子ノードが存在する場合は、その子ノードを返します。これは試行回数 0 回の子ノードがあると 0 除算になり、UCB1 の計算ができないためです。

```python
# UCB1が最大の子ノードの取得
def next_child_node(self):
    # 試行回数が0の子ノードを返す
    for child_node in self.child_nodes:
        if child_node.n == 0:
            return child_node

    # UCB1の計算
    t = 0
    for c in self.child_nodes:
        t += c.n
    ucb1_values = []
    for child_node in self.child_nodes:
        ucb1_values.append(-child_node.w/child_node.n+(2*math.log(t)/child_node.
n)**0.5)

    # UCB1が最大の子ノードを返す
    return self.child_nodes[argmax(ucb1_values)]
```

▶ モンテカルロ木探索とランダムおよびアルファベータ法の対戦

モンテカルロ木探索とランダムおよびアルファベータ法で対戦します。前節の「5-3 原始モンテカルロ探索で三目並べ」のソースコードとほぼ同じで、違いは「mcs_action」を「mcts_action」に変更するのみになります。

結果を見ると、原始モンテカルロ探索よりモンテカルロ木探索のほうが強いことがわかります。ただし、アルファベータ法には、まだ負けています。

```python
# モンテカルロ木探索とランダムおよびアルファベータ法の対戦

# パラメータ
EP_GAME_COUNT = 100   # 1評価あたりのゲーム数

# 先手プレイヤーのポイント
def first_player_point(ended_state):
```

```python
    # 1：先手勝利，0：先手敗北，0.5：引き分け
    if ended_state.is_lose():
        return 0 if ended_state.is_first_player() else 1
    return 0.5

# 1ゲームの実行
def play(next_actions):
    # 状態の生成
    state = State()

    # ゲーム終了までループ
    while True:
        # ゲーム終了時
        if state.is_done():
            break

        # 行動の取得
        next_action = next_actions[0] if state.is_first_player() else next_
actions[1]
        action = next_action(state)

        # 次の状態の取得
        state = state.next(action)

    # 先手プレイヤーのポイントを返す
    return first_player_point(state)

# 任意のアルゴリズムの評価
def evaluate_algorithm_of(label, next_actions):
    # 複数回の対戦を繰り返す
    total_point = 0
    for i in range(EP_GAME_COUNT):
        # 1ゲームの実行
        if i % 2 == 0:
            total_point += play(next_actions)
        else:
            total_point += 1 - play(list(reversed(next_actions)))

        # 出力
        print('\rEvaluate {}/{}'.format(i + 1, EP_GAME_COUNT), end='')
    print('')

    # 平均ポイントの計算
    average_point = total_point / EP_GAME_COUNT
    print(label.format(average_point))

# VSランダム
next_actions = (mcs_action, random_action)
evaluate_algorithm_of('VS_Random {:.3f}', next_actions)

# VSアルファベータ法
```

```
next_actions = (mcs_action, alpha_beta_action)
evaluate_algorithm_of('VS_AlphaBeta {:.3f}', next_actions)
```

```
Evaluate 100/100

VS_Random 0.935

Evaluate 100/100

VS_AlphaBeta 0.410
```

CHAPTER

6

AlphaZero の仕組み

この章では、これまで解説してきた「深層学習」「強化学習」「探索」の知識を使って、「AlphaZero」の手法で、前章で取り上げた「三目並べ」の学習を行います。AlphaZero は、「囲碁」「チェス」「将棋」といった複雑な「二人零和有限確定完全情報ゲーム」のために開発されましたが、そのために必要なマシンリソースは膨大で、サンプルとして簡単に取り上げられるものではありません。

前章で紹介したように「三目並べ」はシンプルで、「アルファベータ法」を使うとすべての局面が展開できるため、最強のアルゴリズムになります。そこで、AlphaZero の手法を「三目並べ」に適応させて、「アルファベータ法」にどこまで迫れるかを見ていきます。実際のゲームはより複雑であり、全局面を展開することは不可能なため、「三目並べ」でアルファベータ法に迫れれば、AlphaZero の手法はほかのゲームでも、強力なアルゴリズムであると言えるでしょう。

この章では、「AlphaZero」の手法を適応するために、ネットワークモデルを構成し、自己対戦（セルプレイ）をさせて、学習を繰り返すことでパラメータを調整し、最適なモデルを作成していきます。それぞれのモジュールごとに作成し、モジュールの動作を確認して、最終的にそれらを組み合わせて「AlphaZero」のアルゴリズムを完成させます。

▶ この章の目的

- AlphaZero での学習サイクルを確認し、どのように強化学習が行われているのかの全体像を把握する
- これまでの章の知識をベースに、AlphaZero のネットワーク構造の作成から、セルフプレイによる学習と対戦により最強プレイヤーを残す仕組みを理解する
- 三目並べでは最強の「アルファベータ法」に、AlphaZero はどこまで迫れるかをスクリプトの実行を通して確認してみる

節	概要	作成するプログラム
6-1 AlphaZeroで三目並べ	全体像の確認と「三目並べ」の準備	game.py
6-2 デュアルネットワークの作成	デュアルネットワークの構築	dual_network.py
6-3 モンテカルロ木探索の作成	局面の探索プログラムの作成	pv_mcts.py
6-4 セルフプレイ部の作成	自己対戦で学習データを作成	self_play.py
6-5 パラメータ更新部の作成	学習データを使ったデュアルネットワークの学習の実行	train_network.py
6-6 新パラメータ評価部の作成	最新プレイヤーと過去最強プレイヤーを対戦させ、強い方を残す	evaluate_network.py
6-7 ベストプレイヤーの評価	「ランダム」「アルファベータ法」「モンテカルロ木探索」と対戦させ、強さを確認	evaluate_best_player.py
6-8 学習サイクルの実行	すべてのスクリプトを組み合わせて、学習サイクルを構築	train_cycle.py

6-1 AlphaZeroで三目並べ

はじめに、AlphaZeroのアルゴリズムを「三目並べ」に適応させるための全体像を見ていきましょう。そして、5章でも紹介した「三目並べ」を実行するための環境を作ります。

AlphaZeroでの「三目並べ」の概要

「AlphaZero」のアルゴリズムは、旧来から使われている「モンテカルロ木探索」（5章「5-4 モンテカルロ木探索で三目並べ」を参照）をベースとしており、この「探索」の「先読みする力」に、「深層学習」の局面から最善手を予測する「直感」と、「強化学習」の自己対戦による「経験」を組み合わせることで、人間を超える最強のAIを実現しています。

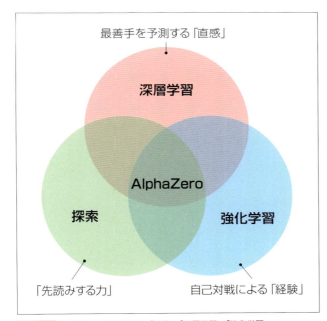

図 6-1-1 AlphaZeroで使われた「探索」「深層学習」「強化学習」

以降のコラムにもあるように、本家の「AlphaZero」は5,000基のTPUというリッチな環境で、各部分を非同期に並列実行することで、膨大な量の学習を行っています。そこまでの環境を用意するのは難しいので、本書ではAlphaZeroのアイディアをベースに、1台のGPUマシンでシーケンシャルに動作するように、スケールダウンしたものを実装しています。

AlphaZeroによる三目並べの強化学習の要素は、次のとおりです。

表 6-1-1 AlphaZero による三目並べの強化学習の要素

強化学習の要素	三目並べ
目的	勝つ
エピソード	終局まで
状態	局面
行動	手を打つ
報酬	勝ったら+1、負けたら-1
学習手法	モンテカルロ木探索+ResNet+セルフプレイ
パラメータ更新間隔	1エピソードごと

AlphaZero の強化学習サイクル

AlphaZero の強化学習のサイクルは、「デュアルネットワークの作成」と、「セルフプレイ部」「パラメータ更新部」「新パラメータ評価部」の3つのパーツで構成されています。これらについては、以降の節でそれぞれを詳しく解説していきます。

図 6-1-2 AlphaZero の強化学習のサイクル

デュアルネットワークの作成

「デュアルネットワークの作成」では、ニューラルネットワークのネットワーク構成を定義し、「ベストプレイヤー」（過去最強）のモデルを作成します。

AlphaZeroのニューラルネットワークは、現在の局面に応じて「方策」「価値」の2つを出力する「デュアルネットワーク」を使います。最初は重みがランダムの未学習状態のため、非常に弱い状態から始まります。これを学習と評価によって随時更新していきます。

セルフプレイ部

「セルフプレイ部」では、「ベストプレイヤー」のモデルを使って「セルフプレイ」を行います。「セルフプレイ」とは、AI同士でゲーム終了までプレイすることです。これによって、ニューラルネットワークの学習に利用する「学習データ」（方策と価値）を作成します。

パラメータ更新部

「パラメータ更新部」では、「セルフプレイ」で作成した「学習データ」を用いて、「最新プレイヤー」を学習させます。「最新プレイヤー」の初期状態は、「ベストプレイヤー」をコピーして作成します。

新パラメータ評価部

「新パラメータ評価部」では、「最新プレイヤー」と「ベストプレイヤー」で対戦し、十分勝ち越した場合は交代します。これによって、学習によって強くならなかった場合、その学習を不採用にしています。

COLUMN

本家のAlphaZeroでの新パラメータ評価部

「新パラメータ評価部」は、「AlphaGo」「AlphaGo Zero」の仕組みで、本家の「AlphaZero」では採用されていない手法になります。

本書では、学習回数が少ない場合は有効と判断して採用しました。

COLUMN

AlphaZeroとTPU

「AlphaGo Zerc」は3日の学習で人間を大きく上回る実力となり、「AlphaZero」は1日の学習で「AlphaGo Zero」を上回りました。「AlphaGo Zero」「AlphaZero」がこの短時間に囲碁が上達できた偉業には、膨大な数の「TPU」が貢献しています。

「AlphaGo Zero」では2,000基、「AlphaZero」では5,000基のTPUが使われています。「AlphaZero」の1日の学習を、仮にGPU1基で実行しようとすると135年、CPUでは5,600年もの時間がかかります。

表 AlphaGo ZeroとAlphaZeroの学習時間の比較

フレームワーク	CPU	GPU	TPU
AlphaGo Zero（20ブロック）	11,000年	270年	3日（2,000基）
AlphaGo Zero（40ブロック）	150,000年	3,600年	40日（2,000基）
AlphaZero	5,600年	135年	1日（5,000基）

サンプルのソースコード一覧

この章でのサンプルのソースコード一覧は、次のとおりです。
機能別に実行可能なソースコードを1つずつ作成していくことで、最終的にAlphaZeroの学習サイクルを完成させます。

表 6-1-2 AlphaZero での三目並べのソースコード一覧

ソースコード	説明	節
game.py	ゲーム状態	6-1節（205ページ）
dual_network.py	デュアルネットワーク	6-2節（211ページ）
pv_mcts.py	モンテカルロ木探索	6-3節（219ページ）
self_play.py	セルフプレイ部	6-4節（228ページ）
train_network.py	パラメータ更新部	6-5節（233ページ）
evaluate_network.py	新パラメータ評価部	6-6節（238ページ）
evaluate_best_player.py	ベストプレイヤーの評価	6-7節（242ページ）
train_cycle.py	学習サイクルの実行	6-8節（246ページ）
human_play.py	ゲームUI	7-3節（272ページ）

 ゲーム状態の準備

はじめに、「三目並べ」のゲーム状態を準備します。ソースコードの内容は、5章「5-4 モンテカルロ木探索で三目並べ」とほぼ同じです。省略部分は、そちらを参照してください。
今回のプログラムは、「game.py」という名前で作成します。

```
# パッケージのインポート
import random
import math

# ゲーム状態
class State:
    （省略）

# ランダムで行動選択
def random_action(state):
    （省略）

# アルファベータ法で状態価値計算
def alpha_beta(state, alpha, beta):
    （省略）

# アルファベータ法で行動選択
def alpha_beta_action(state):
    （省略）
```

```python
# プレイアウト
def playout(state):
    （省略）

# 最大値のインデックスを返す
def argmax(collection):
    （省略）

# モンテカルロ木探索の行動選択
def mcts_action(state):
    （省略）
```

動作確認の定義

動作確認のためのコードを追加します。今回は、「ランダム vs ランダム」で対戦するコードを追加します。
「if __name__ == "__main__":」は、python コマンドから直接実行したかどうかを判定しています。import で利用する際は、実行されません。

```python
# 動作確認
if __name__ == '__main__':
    # 状態の生成
    state = State()

    # ゲーム終了までのループ
    while True:
        # ゲーム終了時
        if state.is_done():
            break

        # 次の状態の取得
        state = state.next(random_action(state))

        # 文字列表示
        print(state)
        print()
```

動作確認の実行

「game.py」を「Google Colab」のインスタンスにアップロードして実行します。ノートブックで、以下のコードを実行してください。

dir コマンド

dir コマンドでフォルダに存在するファイル一覧を表示し、正しくアップロードされて

いるかどうかを確認します。

　同名のファイルを複数回アップロードした場合、上書きではなく、別名保存（例：game (2).py）されるので注意してください。重複した時は「!rm ＜ファイル名＞」で削除してください。

▶ python コマンド

python コマンドで、game.py を直接実行しています。

```
# game.pyのアップロード
from google.colab import files
uploaded = files.upload()

# フォルダの確認
!dir
game.py    sample_data
```

```
# game.pyの動作確認
!python game.py
--o        xxo        xxo
---        ---        oo-
---        -o-        -ox

x-o        xxo        xxo
---        o--        oox
---        -o-        -ox

x-o        xxo        xxo
---        o--        oox
-o-        -ox        oox
```

COLUMN

AlphaZero のリファレンス実装

　DeepMind 社による AlphaZero の公式のリファレンス実装は公開されておらず、世界中の有志が論文のアイデアを抽出して実装しています。以下の 2 つの実装は、特にシンプルでわかりやすいため参考になります。

　本書のサンプルプログラムも、1 章で紹介した「AlphaGo」「AlphaGo Zero」「Alpha Zero」の論文と、この 2 つの実装例を参考にして作成しています。

今年 49 歳になるおっさんでも作れた AlphaZero
https://tail-island.github.io/programming/2018/06/20/alpha-zero.html

Alpha Zero General（any game, any framework!）
https://github.com/suragnair/alpha-zero-general

6-2 デュアルネットワークの作成

3章「深層学習」で、ニューラルネットワークにおけるさまざまなモデルの作成について解説しました。AlphaZeroでは、「3-4 ResNet（Residual Network）で画像分類」で取り上げた「ResNet」が、モデルのベースとして使われています。

デュアルネットワークの構成

AlphaZeroでは、現在の局面に応じて「方策」「価値」の2つを出力する「デュアルネットワーク」を使います。はじめに「ResNet」の「残差ブロック」でゲームの盤面の特徴を抽出し、最後に「ポリシー出力」と「バリュー出力」の2つに分岐させて、「方策」（次の一手）と「価値」（勝敗予測）の2つを推論しています。

「ResNet」などの「畳み込みニューラルネットワーク」は、画像認識の分野でより高い性能を発揮するニューラルネットワークです。AlphaZeroではこのニューラルネットワークの入力として、「画像」ではなく「ゲームの盤面」を使っています。「画像」と「ゲームの盤面」は、どちらも縦横方向の情報の並びに意味があるため、「畳み込みニューラルネットワーク」による特徴抽出に適しているのです。

今回のプログラムは、「dual_network.py」という名前で作成します。

ネットワーク構造は、次のとおりです。本家の「AlphaZero」のネットワーク構造よりも、層を少なくしています。

図 6-2-1 AlphaZeroによる三目並べのネットワーク構造

デュアルネットワークの入力

デュアルネットワークの入力は、「ゲームの盤面」です。3章「3-4 ResNet（Residual Network）で画像分類」では、「カラー画像」を、RGBの3つの2次元配列として入力しましたが、今回は、「ゲームの盤面」を「自分の石の配置」と「相手の石の配置」の2つの2次元配列で入力します。

具体的には、3×3の2次元配列が2つで、入力シェイプは「(3, 3, 2)」となり、石が置かれている時は「1」、そうでない時は「0」としています。

デュアルネットワークの入力
- 自分の石の配置（3×3の2次元配列）
- 相手の石の配置（3×3の2次元配列）

デュアルネットワークの入力の例は、次のとおりです。

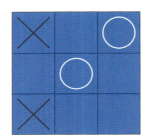

```
自分の石の配置       相手の石の配置
[[ 0,  0,  1],      [[ 1,  0,  0],
 [ 0,  1,  0],       [ 0,  0,  0],
 [ 0,  0,  0]]       [ 1,  0,  0]]
```

図 6-2-2 デュアルネットワークの入力の例

デュアルネットワークの出力

デュアルネットワークの出力は、「方策」と「価値」です。「方策」は次の一手の確率分布です。行動数が9なので、長さ9の配列を返します。「価値」は現在の局面の勝利予想で、「0〜1」です。長さ「1」の配列を返します。

デュアルネットワークの出力
- 方策（要素が9で、要素の値の合計が「1」の配列）
- 価値（0〜1の値を持つ長さ「1」の配列）

デュアルネットワークの出力の例は、次のとおりです。

方策	価値
[0, 0, 0, 0.05, 0, 0, 0.95, 0, 0]	[1.0]
※マス3の確率=0.05　※マス6の確率=0.95	

図 6-2-3 デュアルネットワークの出力の例

> **COLUMN**
>
> **本家の AlphaZero の囲碁の入力**
>
> 　本家の AlphaZero の囲碁の入力は、19 × 19 の 2 次元配列 17 個で以下を表現しています。
>
> - 自分の石の配置×8（直近 8 ステップ分）
> - 相手の石の配置×8（直近 8 ステップ分）
> - 自局面と相手局面のどちらか
>
> 　自分と相手の石の配置は、無限反復は禁止されているルールに対応するため、直近 8 ステップ分を含んでいます。「自局面と相手局面のどちらか」は自局面の場合は全部「1」、相手局面の場合は全部「0」の 2 次元配列になります。

パッケージのインポート

　AlphaZero のデュアルネットワークの作成で、必要なパッケージのインポートを行います。

```
# パッケージのインポート
from tensorflow.keras.layers import Activation, Add, BatchNormalization, Conv2D, Dense, GlobalAveragePooling2D, Input
from tensorflow.keras.models import Model
from tensorflow.keras.regularizers import l2
from tensorflow.keras import backend as K
import os
```

パラメータの準備

　パラメータの準備を行います。
　「DN_WIDTH」は畳み込み層のユニット数、「DN_HEIGHT」は残差ブロックの数を指定します。「DN_INPUT_SHAPE」は、デュアルネットワークの入力シェイプです。
　「DN_OUTPUT_SIZE」は、方策の出力サイズです。出力は行動数が 9 なので、「9」を指定します。

```
# パラメータの準備
DN_FILTERS  = 128 # 畳み込み層のカーネル数（本家は256）
DN_RESIDUAL_NUM =  16 # 残差ブロックの数（本家は19）
DN_INPUT_SHAPE = (3, 3, 2) # 入力シェイプ
DN_OUTPUT_SIZE = 9 # 行動数(配置先(3*3))
```

> **COLUMN　本家の AlphaZero の囲碁のパラメータ**
>
> 本家の AlphaZero の囲碁のパラメータは、次のとおりです。
>
> - 畳み込み層のカーネル数は「256」
> - 残差ネットの数は「19」
> - 入力シェイプは 19 × 19 の 2 次元配列を「17 個」
> - 行動数は配置先 (19*19)+ パス (1) で「362」

畳み込み層の作成

conv(filters) で、ResNet の畳み込み層を作成します。

```python
# 畳み込み層の作成
def conv(filters):
    return Conv2D(filters, 3, padding='same', use_bias=False,
        kernel_initializer='he_normal', kernel_regularizer=l2(0.0005))
```

残差ブロックの作成

residual_block() で、ResNet の「残差ブロック」を作成します。残差ブロックのネットワーク構成は、次のとおりです。

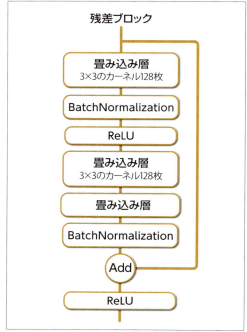

図 6-2-4
AlphaZero による三目並べの残差ブロックの
ネットワーク構成

```
# 残差ブロックの作成
def residual_block():
    def f(x):
        sc = x
        x = conv(DN_FILTERS)(x)
        x = BatchNormalization()(x)
        x = Activation('relu')(x)
        x = conv(DN_FILTERS)(x)
        x = BatchNormalization()(x)
        x = Add()([x, sc])
        x = Activation('relu')(x)
        return x
    return f
```

デュアルネットワークの作成

以降のリストにある dual_network() で、「デュアルネットワーク」の作成を行います。

(01) モデル作成済みの場合は無処理

ベストプレイヤーのモデル（./model/best.h5）が存在する場合は、無処理とします。

(02) モデルの作成

入力層、畳み込み層、残差ブロック×16、プーリング層、ポリシー出力、バリュー出力、モデルと順番に作成します。

(03) モデルの保存

model フォルダがない時は作成し、その後にベストプレイヤーのモデル（./model/best.h5）を保存します。

(04) モデルの破棄

モデルのセッションとメモリの破棄を行っています。「K.clear_session()」でセッション、「del model」でメモリの破棄になります。

```
# デュアルネットワークの作成
def dual_network():
    # モデル作成済みの場合は無処理
    if os.path.exists('./model/best.h5'):
        return

    # 入力層
    input = Input(shape=DN_INPUT_SHAPE)

    # 畳み込み層
    x = conv(DN_FILTERS)(input)
```

```python
x = BatchNormalization()(x)
x = Activation('relu')(x)

# 残差ブロック×16
for i in range(DN_RESIDUAL_NUM):
    x = residual_block()(x)

# プーリング層
x = GlobalAveragePooling2D()(x)

# ポリシー出力
p = Dense(DN_OUTPUT_SIZE, kernel_regularizer=l2(0.0005),
          activation='softmax', name='pi')(x)

# バリュー出力
v = Dense(1, kernel_regularizer=l2(0.0005))(x)
v = Activation('tanh', name='v')(v)

# モデルの作成
model = Model(inputs=input, outputs=[p,v])

# モデルの保存
os.makedirs('./model/', exist_ok=True) # フォルダがない時は生成
model.save('./model/best.h5') # ベストプレイヤーのモデル

# モデルの破棄
K.clear_session()
del model
```

COLUMN

本家の AlphaZero のネットワーク構造

本家の AlphaZero のネットワーク構造は、次のとおりです。

◎畳み込み層

- 畳み込み層（3×3のカーネル256枚、Batch Normalization、ReLU）

◎残差ブロック

- 残差ブロック（19個）

◎ポリシー出力

- 畳み込み層（1×1のカーネル2枚、Batch Normalization、ReLU）
- 全結合層（ユニット数は362）

◎バリュー出力

- 畳み込み層（1×1のカーネル1枚、Batch Normalization、ReLU）
- 全結合層（ユニット数は256、ReLU）
- 全結合層（ユニット数は1、tanh）

動作確認の定義

動作確認のためのコードを追加します。create_dual_network() の実行のみを行います。これにより、model フォルダにベストプレイヤーのモデル（./model/best.h5）が生成されます。

```python
# 動作確認
if __name__ == '__main__':
    dual_network()
```

動作確認の実行

「dual_network.py」を「Google Colab」のインスタンスにアップロードして実行します。ノートブックで以下のコードを実行してください。

ここでは、デュアルネットワークのモデルの作成を確認しただけなので、出力されたモデルは未学習のものになります。

```python
# dual_network.pyのアップロード
from google.colab import files
uploaded = files.upload()

# フォルダの確認
!dir
```
```
dual_network.py    game.py    sample_data
```

```python
# dual_network.pyの動作確認
!python dual_network.py

# フォルダの確認
!dir ./model/
```
```
best.h5
```

COLUMN

AlphaGo と Alpha（Go）Zero の比較

　「AlphaGo」と「Alpha（Go）Zero」の比較は、次のとおりです。「AlphaGo Zero」と「AlphaZero」は仕組みは基本的に同じなので、ひとまとめにしてます。

表 AlphaGo と Alpha（Go）Zero の比較

	AlphaGo	Alpha（Go）Zero
構成	モンテカルロ木探索 ポリシーネットワーク バリューネットワーク ロールアウトポリシー	モンテカルロ木探索 デュアルネットワーク
ネットワーク構造	CNN	ResNet
学習方法	教師あり学習 強化学習	強化学習
入力	19×19の2次元配列48個 ・直近9ステップの黒石の配置 ・直近9ステップの白石の配置 ・ダメの数 ・取れる相手の石の予測数 ・シチョウが取れるかどうか （以降、省略）	19×19の2次元配列17個 ・直近8ステップの黒石の配置 ・直近8ステップの白石の配置 ・手番（黒番はすべて1、白番はすべて0）

◎ニューラルネットワークの構成

　「AlphaGo」では、方策を推論する「ポリシーネットワーク」、価値を推論する「バリューネットワーク」、プレイアウトに利用する「ロールアウトポリシー」（ポリシーネットワークより精度が低いが高速なモデル）の3つのニューラルネットワークが使われていました。

　「Alpha（Go）Zero」では、この「ポリシーネットワーク」と「バリューネットワーク」を統合した「デュアルネットワーク」を用いています。デュアルネットワークでの勝率予想が格段に上がったため、プレイアウトがなくなり「ロールアウトポリシー」も未使用になりました。

◎ネットワーク構造

　「AlphaGo」では CNN、「Alpha（Go）Zero」では ResNet を使っています。

◎学習方法

　「AlphaGo」では「ポリシーネットワーク」の学習にプロ棋士の棋譜による教師あり学習、「バリューネットワーク」の学習に強化学習を使います。さらに「ポリシーネットワーク」の強化に強化学習を使います。

　「Alpha（Go）Zero」では、「デュアルネットワーク」の学習に強化学習を使います。

◎ニューラルネットワークの入力

　「AlphaGo」では、直近8ステップの石の配置、ダメの数、取れる相手の石の予測数、シチョウが取れるかどうかなど、さまざまな情報を入力しています。

　「Alpha（Go）Zero」では、直近8ステップの石の配置と自局面か相手局面かのみになります。

6-3 モンテカルロ木探索の作成

AlphaZero の探索手法は、前章の「5-3 モンテカルロ木探索で三目並べ」で取り上げたアルゴリズムがベースになっていますが、さまざまな拡張がされていますので、それらを解説していきます。最後に、作成した「モンテカルロ木探索」で、三目並べを実行してみます。

AlphaZero のモンテカルロ木探索

AlphaZero で利用する「モンテカルロ木探索」を作成します。今回のプログラムは、「pv_mcts.py」という名前で作成してください。

前章の「5-4 モンテカルロ木探索で三目並べ」では、「プレイアウト」で局面の価値を取得しましたが、AlphaZero では「ニューラルネットワーク」で局面の価値を取得します。変更点は、次のとおりです。

選択

「5-4 モンテカルロ木探索で三目並べ」では、「選択」で、ルートノードからリーフノードに到達するまで、「UCB1」が最も大きな子ノードを選択して手を進めました。AlphaZero では、「UCB1」でなく「アーク評価値」を使います。

$$\text{アーク評価値} = \frac{w}{n} + c_{puct} * p * \frac{\sqrt{t}}{(1+n)}$$

手の確率分布 ← p
成功率 ← $\frac{w}{n}$
バランス調整の定数 ← c_{puct}
バイアス ← $\frac{\sqrt{t}}{(1+n)}$

w：このノードの累計価値　　n：このノードの試行回数
c_{puct}：「勝率」と「手の予測確率 * バイアス」のバランスを調整するための定数
p：手の確率分布　　　　　　t：累計試行回数

評価

「5-4 モンテカルロ木探索で三目並べ」では、リーフノードに到達した時、「プレイアウト」で「価値」を取得しました。AlphaZero では「プレイアウト」でなく、「ニューラルネットワーク」で「方策」と「価値」を取得します。

「方策」は「アーク評価値」の計算、「価値」は累計価値の更新に利用します。

展開

「5-4 モンテカルロ木探索で三目並べ」では、ノードの試行回数が 10 回以上となった時、「展開」を行い子ノードを作成しました。AlphaZero では、「1 回以上」になります。ニューラルネットワークを使うため、複数回シミュレーションを行わなくても、どの手が有効かを推論できるためです。

更新

「価値」を取得したら、その価値をもとにノードの情報（累計価値と試行回数）を更新しながら、ルートノードまで戻ります。

このように、ニューラルネットワークの方策と価値を使ってモンテカルロ木探索を行う手法を「PV MCTS」（Policy Value Monte Carlo Tree Search）と呼びます。
さらに本家の AlphaZero では、多数の CPU と GPU を「非同期」（Async）に並列動作させて、学習の高速化を図っているため、「APV MCTS」（Async Policy Value Monte Carlo Tree Search）と呼ばれています。

パッケージのインポート

AlphaZero のモンテカルロ木探索で必要なパッケージのインポートを行います。

```
# パッケージのインポート
from game import State
from dual_network import DN_INPUT_SHAPE
from math import sqrt
from tensorflow.keras.models import load_model
from pathlib import Path
import numpy as np
```

パラメータの準備

パラメータの準備を行います。「PV_EVALUATE_COUNT」は、1 推論あたりのシミュレーション回数になります。

```
# パラメータの準備
PV_EVALUATE_COUNT = 50 # 1推論あたりのシミュレーション回数（本家は1600）
```

推論

以下のリストにある「predict(model, state)」は、ニューラルネットワークの推論を行います。

(01) 推論のための入力データのシェイプの変換

前節「6-2 デュアルネットワークの作成」で、今回のデュアルネットワークの入力シェイプを「(3, 3, 2)」としました。そして「学習」「評価」「推論」には、複数の入力データをまとめて渡すことができます。そのため、「学習」「評価」「推論」に渡す入力データのシェイプは、「入力データ数」の次元が増え、「(入力データ数 , 3, 3, 2)」になります。

今回は、1 個の入力データで「推論」を行いたいので、状態（[自分の石の配置 , 相手の石の配置]）をシェイプ (1, 3, 3, 2) に変換します。

変換手順は、次のとおりです。

> （1）状態を np.array() で、ndarray に変換
> （2）reshape() で、シェイプ (2, 3, 3) に変換
> （3）transpose() で軸の順番を入れ替えて、シェイプ (3, 3, 2) に変換
> （4）reshape() で、シェイプ (1, 3, 3, 2) に変換

(02) 推論

model.predict() で推論を行い、結果を取得します。引数「batch_size」に、バッチサイズ「1」を指定します。

(03) 方策の取得

バッチサイズは「1」なので、y[0][0] に「方策」が 1 つ出力されます。ここから合法手のみ抽出し、合計で割って合法手のみの確率分布に変換します。

(04) 価値の取得

バッチサイズは「1」なので、y[1][0] に「価値」が 1 つ出力されます。価値の配列から値のみ抽出するため、y[1][0][0] で取得します。

```python
# 推論
def predict(model, state):
    # 推論のための入力データのシェイプの変換
    a, b, c = DN_INPUT_SHAPE
    x = np.array([state.pieces, state.enemy_pieces])
    x = x.reshape(c, a, b).transpose(1, 2, 0).reshape(1, a, b, c)

    # 推論
    y = model.predict(x, batch_size=1)

    # 方策の取得
    policies = y[0][0][list(state.legal_actions())] # 合法手のみ
    policies /= sum(policies) if sum(policies) else 1 # 合計1の確率分布に変換

    # 価値の取得
    value = y[1][0][0]
    return policies, value
```

ノードのリストを試行回数のリストに変換

「nodes_to_scores(nodes)」は、ノードのリストを試行回数のリストに変換します。

```python
# ノードのリストを試行回数のリストに変換
def nodes_to_scores(nodes):
    scores = []
    for c in nodes:
        scores.append(c.n)
    return scores
```

 モンテカルロ木探索のスコアの取得

「pv_mcts_scores(model, state, temperature)」は、現在の局面に応じた合法手の確率分布を取得します。

引数は、「モデル」「状態」「温度パラメータ」になります。「温度パラメータ」については、後述します。

01 モンテカルロ木探索のノードの定義

モンテカルロ木探索のノードは、管理が楽になるように「Node」クラスとしてまとめます。Node クラスのメンバ変数は、次のとおりです。

表 6-3-1 Node クラスのメンバ変数

メンバ変数	型	説明
state	State	状態
p	ndarray	方策
w	int	累計価値
n	int	試行回数
child_nodes	list	子ノード群。要素の型はNode

Node クラスのメソッドは、次のとおりです。

表 6-3-2 Node クラスのメソッド

メソッド	説明
__init__(state, p)	ノードの初期化
evaluate()	局面の価値の計算
next_child_node()	アーク評価値が最大の子ノードを取得

02 現在の局面のノードの作成

引数「state」をもとに、現在の局面のノードを作成します。

(03) 複数回の評価を実行

　パラメータ「PV_EVALUATE_COUNT」の回数分、モンテカルロ木探索のシミュレーションを実行します。その結果、試行回数を多く持つ子ノードが、価値が高い手となります。

(04) 合法手の確率分布

　「nodes_to_scores()」は、子ノードのリストを試行回数のリストに変換しています。このリストは、合法手の確率分布を表します。

　ニューラルネットワークは、入力が同じであれば出力も同じになります。そのため、この合法手の確率分布で「セルフプレイ」を行って、同じ手ばかりを打つことになり、「学習データ」のバリエーションが増えません。

　SarsaやQ学習では「ε-greedy」で出力にバラつきを与えましたが、AlphaZeroでは「ボルツマン分布」を使います。引数「temperature」は「温度パラメータ」と呼ばれる、ボルツマン分布のバラつき具合を指定します。なお、「ボルツマン分布」については、後述します。

　「温度パラメータ」が0の時は、試行回数が最大の手を100%選ぶように、最大値のみ1になるようにしています。

　以下のソースコードの省略部分は、後ほどメソッドごとに説明します。

```python
# モンテカルロ木探索のスコアの取得
def pv_mcts_scores(model, state, temperature):
    # モンテカルロ木探索のノードの定義
    class node:
        （省略）

    # 現在の局面のノードの作成
    root_node = node(state, 0)

    # 複数回の評価を実行
    for _ in range(PV_EVALUATE_COUNT):
        root_node.evaluate()

    # 合法手の確率分布
    scores = nodes_to_scores(root_node.child_nodes)
    if temperature == 0: # 最大値のみ1
        action = np.argmax(scores)
        scores = np.zeros(len(scores))
        scores[action] = 1
    else: # ボルツマン分布でバラつき付加
        scores = boltzman(scores, temperature)
    return scores
```

■ ノードの初期化

　「__init__()」は、ノードの初期化を行います。状態、方策、累計価値、試行回数、子ノー

ド群に初期値を代入しています。

```python
# ノードの初期化
def __init__(self, state, p):
    self.state = state # 状態
    self.p = p # 方策
    self.w = 0 # 累計価値
    self.n = 0 # 試行回数
    self.child_nodes = None # 子ノード群
```

局面の価値の計算

以下のリストの「evaluate()」は、局面の価値の計算を行います。

(01) ゲーム終了時

ゲーム終了時は、「負け：－1」「引き分け：0」を返します。この時、ノードの累計価値と試行回数も更新します。

(02) 子ノード群が存在しない時

ゲーム終了時以外で、子ノード群が存在しないノードは、子ノードが展開できるが、まだ展開していないノードです。子ノード群が存在しない時は、ニューラルネットワークで推論を行い、方策と価値を取得します。

この時、ノードの累計価値と試行回数も更新します。さらに、子ノード群も展開しています。

(03) 子ノード群が存在する時

子ノード群が存在する時（リーフではないノード）は、アーク評価値が最大の子ノードの評価を再帰的に計算します。この時、ノードの累計価値と試行回数も更新します。また、evaluate() の価値は相手局面の価値なので、マイナスを付加しています。

```python
# 局面の価値の計算
def evaluate(self):
    # ゲーム終了時
    if self.state.is_done():
        # 勝敗結果で価値を取得
        value = -1 if self.state.is_lose() else 0

        # 累計価値と試行回数の更新
        self.w += value
        self.n += 1
        return value

    # 子ノードが存在しない時
    if not self.child_nodes:
        # ニューラルネットワークの推論で方策と価値を取得
        policies, value = predict(model, self.state)
```

```
        # 累計価値と試行回数の更新
        self.w += value
        self.n += 1

        # 子ノードの展開
        self.child_nodes = []
        for action, policy in zip(self.state.legal_actions(), policies):
            self.child_nodes.append(node(self.state.next(action), policy))
        return value

    # 子ノードが存在する時
    else:
        # アーク評価値が最大の子ノードの評価で価値を取得
        value = -self.next_child_node().evaluate()

        # 累計価値と試行回数の更新
        self.w += value
        self.n += 1
        return value
```

アーク評価値が最大の子ノードを取得

「next_child_node()」は、アーク評価値が最大の子ノードの取得を行います。C_PUCT（「勝率」と「手の予測確率＊バイアス」のバランスを調整するための定数）は、「1.0」で固定にしています。

```
# アーク評価値が最大の子ノードを取得
def next_child_node(self):
    # アーク評価値の計算
    C_PUCT = 1.0
    t = sum(nodes_to_scores(self.child_nodes))
    pucb_values = []
    for child_node in self.child_nodes:
        pucb_values.append((-child_node.w / child_node.n if child_node.n else 0.0) +
            C_PUCT * child_node.p * sqrt(t) / (1 + child_node.n))

    # アーク評価値が最大の子ノードを返す
    return self.child_nodes[np.argmax(pucb_values)]
```

モンテカルロ木探索で行動選択

「pv_mcts_action(model, temperature=0)」は、「モンテカルロ木探索」で局面に応じた行動を返す関数を返します。引数は、「モデル」「温度パラメータ」になります。

```
# モンテカルロ木探索で行動選択
def pv_mcts_action(model, temperature=0):
    def pv_mcts_action(state):
```

```
        scores = pv_mcts_scores(model, state, temperature)
        return np.random.choice(state.legal_actions(), p=scores)
    return pv_mcts_action
```

 ## ボルツマン分布によるバラつきの付加

「boltzman(xs, temperature)」は、「ボルツマン分布」の計算を行います。引数は、「合法手の確率分布」と「温度パラメータ」です。「合法手の確率分布」に、バラつきを付加した値が返ります。

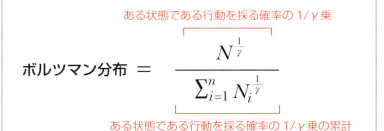

N：行動を採る確率のリスト　　γ：温度パラメータ
N_i：ある行動を採る確率　　　n：行動数

```
# ボルツマン分布
def boltzman(xs, temperature):
    xs = [x ** (1 / temperature) for x in xs]
    return [x / sum(xs) for x in xs]
```

 ## 動作確認の定義

動作確認のためのコードを追加します。
モンテカルロ木探索の行動選択「pv_mcts_action」を使って、ゲーム終了まで実行しています。

```
# 動作確認
if __name__ == '__main__':
    # モデルの読み込み
    path = sorted(Path('./model').glob('*.h5'))[-1]
    model = load_model(str(path))

    # 状態の生成
    state = State()

    # モンテカルロ木探索で行動取得を行う関数の生成
```

```python
next_action = pv_mcts_action(model, 1.0)

# ゲーム終了までループ
while True:
    # ゲーム終了時
    if state.is_done():
        break

    # 行動の取得
    action = next_action(state)

    # 次の状態の取得
    state = state.next(action)

    # 文字列表示
    print(state)
```

 動作確認の実行

「pv_mcts.py」を「Google Colab」のインスタンスにアップロードして実行します。ノートブックで以下のコードを実行してください。

```
# pv_mcts.pyのアップロード
from google.colab import files
uploaded = files.upload()

# フォルダの確認
!dir
dual_network.py    game.py    model    pv_mcts.py    sample_data

# pv_mcts.pyの動作確認
!python pv_mcts.py
-o-
---
---

-o-
---
x--

-o-
---
xo-

-o-
-x-
xo-
```

```
-o-
-x-
xoo

-o-
-xx
xoo

xoo

xoo
oxx
xoo
```

6-4 セルフプレイ部の作成

セルフプレイ（自己対戦）により、デュアルネットワークの学習に利用する学習データを作成します。この例では、500回の自己対戦を行わせてみます。

セルフプレイ部の作成の準備

「セルフプレイ部」の実装を行います。今回のプログラムは、「self_play.py」という名前で作成してください。

パッケージのインポート

セルフプレイのためのパッケージのインポートを行います。

```python
# パッケージのインポート
from game import State
from pv_mcts import pv_mcts_scores
from dual_network import DN_OUTPUT_SIZE
from datetime import datetime
from tensorflow.keras.models import load_model
from tensorflow.keras import backend as K
from pathlib import Path
import numpy as np
import pickle
import os
```

パラメータの準備

パラメータの準備を行います。
「SP_GAME_COUNT」はセルフプレイを行うゲーム数、「SP_TEMPERATURE」はボルツマン分布の温度パラメータになります。

```python
# パラメータの準備
SP_GAME_COUNT = 500 # セルフプレイを行うゲーム数（本家は25000）
SP_TEMPERATURE = 1.0 # ボルツマン分布の温度パラメータ
```

先手プレイヤーの価値

「first_player_value(ended_state)」は、最終局面から先手プレイヤーの価値を計算します。先手勝利時は「1」、先手敗北時は「－1」、引き分け時は「0」を返します。

```
# 先手プレイヤーの価値
def first_player_value(ended_state):
    # 1：先手勝利、-1：先手敗北、0：引き分け
    if ended_state.is_lose():
        return -1 if ended_state.is_first_player() else 1
    return 0
```

 学習データの保存

「write_data(history)」は、セルフプレイを実行して収集した学習データ（状態と方策と価値のセット）を保存します。

引数「history」に渡される学習データの型は、次のとおりです。

学習データの型	[[[自分の石の配置，相手の石の配置]，方策，価値]， [[自分の石の配置，相手の石の配置]，方策，価値]， [[自分の石の配置，相手の石の配置]，方策，価値]， …]

学習データのリストを pickle を使って、ファイルに保存します。

pickle は、Python オブジェクトのファイルへの保存と復元を行うためのパッケージです。「with open(path, mode='wb') as f:」でファイルをオープンし、「pickle.dump(オブジェクト, f)」で Python オブジェクトを保存します。

今回は、「history」を保存しています。

```
# 学習データの保存
def write_data(history):
    now = datetime.now()
    os.makedirs('./data/', exist_ok=True) # フォルダがない時は生成
    path = './data/{:04}{:02}{:02}{:02}{:02}{:02}.history'.format(
        now.year, now.month, now.day, now.hour, now.minute, now.second)
    with open(path, mode='wb') as f:
        pickle.dump(history, f)
```

1 ゲームの実行

1 ゲーム分、ゲーム終了まで実行して、学習データ（状態と方策と価値のセット）を収

集します。

「方策」はステップ毎に、pv_mcts_scores() で取得します。この値は合法手の確率分布なので、すべての手の確率分布に変換して保持します。「価値」は 1 ゲーム終了後に、first_player_value() で先手プレイヤーの価値を計算して使います。

後手プレイヤーの価値は、この値にマイナスを付けたものになります。

```python
# 1ゲームの実行
def play(model):
    # 学習データ
    history = []

    # 状態の生成
    state = State()

    while True:
        # ゲーム終了時
        if state.is_done():
            break

        # 合法手の確率分布の取得
        scores = pv_mcts_scores(model, state, SP_TEMPERATURE)

        # 学習データに状態と方策を追加
        policies = [0] * DN_OUTPUT_SIZE
        for action, policy in zip(state.legal_actions(), scores):
            policies[action] = policy
        history.append([[state.pieces, state.enemy_pieces], policies, None])

        # 行動の取得
        action = np.random.choice(state.legal_actions(), p=scores)

        # 次の状態の取得
        state = state.next(action)

    # 学習データに価値を追加
    value = first_player_value(state)
    for i in range(len(history)):
        history[i][2] = value
        value = -value
    return history
```

セルフプレイの実行

self_play() は、「セルフプレイ」を実行します。

はじめに、ベストプレイヤーのモデルの読み込み、SP_GAME_COUNT 回分のゲームを実行します。最後に収集した学習データを保存し、モデルのセッションとメモリの破棄を行っています。

```
# セルフプレイ
def self_play():
    # 学習データ
    history = []

    # ベストプレイヤーのモデルの読み込み
    model = load_model('./model/best.h5')

    # 複数回のゲームの実行
    for i in range(SP_GAME_COUNT):
        # 1ゲームの実行
        h = play(model)
        history.extend(h)

        # 出力
        print('\rSelfPlay {}/{}'.format(i+1, SP_GAME_COUNT), end='')
    print('')

    # 学習データの保存
    write_data(history)

    # モデルの破棄
    K.clear_session()
    del model
```

 動作確認の定義

　動作確認のためのコードを追加します。self_play() の実行のみを行います。セルフプレイが完了すると、dataフォルダに「学習データ」（*.history）が生成されます。
　「セルフプレイ」は時間がかかるので、学習する必要がないコードの動作確認であれば、「SP_GAME_COUNT」を10回くらいに減らして試すとよいでしょう。

```
# 動作確認
if __name__ == '__main__':
    self_play()
```

動作確認の実行

　「self_play.py」を「Google Colab」のインスタンスにアップロードして実行します。ノートブックで以下のコードを実行してください。
　ここでは、作成された日時が付いた学習データ「history」ができていることを確認します。

```
# self_play.pyのアップロード
from google.colab import files
uploaded = files.upload()
```

```
# フォルダの確認
!dir
```
```
dual_network.py    model    __pycache__    self_play.py
game.py    pv_mcts.py    sample_data
```

```
# self_play.pyの動作確認
!python self_play.py
```
```
SelfPlay 500/500
```

```
# フォルダの確認
!dir ./data/
```
```
20190322084024.history
```

セルフプレイ部の作成

6-5　パラメータ更新部の作成

前節のセルフプレイ（自己対戦）により、学習データが溜まったら、それを使ってデュアルネットワークの学習を行い、最新プレイヤーを作ります。

パラメータ更新部の作成の準備

「パラメータ更新部」の実装を行います。今回のプログラムは、「train_network.py」という名前で作成してください。

パッケージのインポート

パラメータ更新のためのパッケージのインポートを行います。

```python
# パッケージのインポート
from dual_network import DN_INPUT_SHAPE
from tensorflow.keras.callbacks import LearningRateScheduler, LambdaCallback
from tensorflow.keras.models import load_model
from tensorflow.keras import backend as K
from pathlib import Path
import numpy as np
import pickle
```

パラメータの準備

パラメータの準備を行います。「RN_EPOCHS」は、学習回数になります。

```python
# パラメータの準備
RN_EPOCHS = 100 # 学習回数
```

学習データの読み込み

load_data()は、「セルフプレイ部」で保存した「学習データ」を読み込みます。
「with history_path.open(mode='rb') as f:」でファイルをオープンし、「pickle.load(f)」でPythonオブジェクトを復元します。

```python
# 学習データの読み込み
def load_data():
```

```
history_path = sorted(Path('./data').glob('*.history'))[-1]
with history_path.open(mode='rb') as f:
    return pickle.load(f)
```

デュアルネットワークの学習

train() は、デュアルネットワークの学習を行います。

01 学習データの読み込み

「学習データ」の読み込みを行います。読み込んだ学習データの型は、次のとおりです。

[[[自分の石の配置, 相手の石の配置], 方策, 価値],
 [[自分の石の配置, 相手の石の配置], 方策, 価値],
 [[自分の石の配置, 相手の石の配置], 方策, 価値],
 …]

これを zip() を使って、「状態」「方策」「価値」で別々のリストに変換します。

[[自分の石の配置, 相手の石の配置], [自分の石の配置, 相手の石の配置], …]
[方策, 方策, …]
[価値, 価値, …]

02 学習のための入力データのシェイプの変換

先の「6-2 デュアルネットワークの作成」で、今回のデュアルネットワークの入力シェイプを「(3, 3, 2)」としました。そして「学習」「評価」「推論」には、複数の入力データをまとめて渡すことができます。そのため、「学習」「評価」「推論」に渡す入力データのシェイプは、「入力データ数」の次元が増え、「(入力データ数, 3, 3, 2)」になります。

今回は、500 個の入力データで「推論」を行いたいので、状態のリスト ([[自分の石の配置, 相手の石の配置], [自分の石の配置, 相手の石の配置], …]) をシェイプ (500, 3, 3, 2) に変換します。

変換手順は、次のとおりです。

(1) 状態のリストを np.array() で、ndarray に変換
(2) reshape() で、シェイプ (500, 2, 3, 3) に変換
(3) transpose() で軸の順番を入れ替えて、シェイプ (500, 3, 3, 2) に変換

03 ベストプレイヤーのモデルの読み込み

ベストプレイヤーのモデルの読み込みを行います。これを学習して、最新プレイヤーとして育て上げます。

6-2 節の「デュアルネットワークの作成」で作成したモデルは未学習の状態ですが、最初はこれをベストプレイヤーとして読み込み、学習後のデータを「最新プレイヤー」として出力します。

04 モデルのコンパイル

モデルのコンパイルを行います。今回は、「方策」は分類なので「categorical_crossentropy」、「価値」は回帰なので「mse」、「最適化関数」は「Adam」を指定しています。詳しくは、3 章「深層学習」を参照してください。

05 学習率

学習率は「0.001」からはじまり、50 ステップ後に「0.0005」、80 ステップ後に「0.00025」に落としています。

06 出力

コールバックを用いて、1 ゲーム毎に経過を出力するようにしています。

07 学習の実行

学習の実行を行います。

08 最新プレイヤーのモデルの保存

学習したモデルを最新プレイヤーのモデルとして保存します。

09 モデルの破棄

モデルのセッションとメモリの破棄を行っています。

COLUMN

本家の AlphaZero の最適化関数

本家の AlphaZero の最適化関数は、「SGD」を使っています。本書では、速度を優先して「Adam」を選んでいます。

COLUMN

本家の AlphaZero の学習率

本家の AlphaZero の囲碁の学習率は、「0.02」からはじまり、300 ステップ後に「0.002」、500,000 ステップ後に「0.0002」に落としています。チェスと将棋の学習率は、「0.2」からはじまり、100 ステップ後に「0.02」、300 ステップ後に「0.002」、500,000 ステップ後に「0.0002」に落としています。

```python
# デュアルネットワークの学習
def train_network():
    # 学習データの読み込み
    history = load_data()
    xs, y_policies, y_values = zip(*history)

    # 学習のための入力データのシェイプの変換
    a, b, c = DN_INPUT_SHAPE
    xs = np.array(xs)
    xs = xs.reshape(len(xs), c, a, b).transpose(0, 2, 3, 1)
    y_policies = np.array(y_policies)
    y_values = np.array(y_values)

    # ベストプレイヤーのモデルの読み込み
    model = load_model('./model/best.h5')

    # モデルのコンパイル
    model.compile(loss=['categorical_crossentropy', 'mse'], optimizer='adam')

    # 学習率
    def step_decay(epoch):
        x = 0.001
        if epoch >= 50: x = 0.0005
        if epoch >= 80: x = 0.00025
        return x
    lr_decay = LearningRateScheduler(step_decay)

    # 出力
    print_callback = LambdaCallback(
        on_epoch_begin=lambda epoch,logs:
                print('\rTrain {}/{}'.format(epoch + 1,RN_EPOCHS), end=''))

    # 学習の実行
    model.fit(xs, [y_policies, y_values], batch_size=128, epochs=RN_EPOCHS,
            verbose=0, callbacks=[lr_decay, print_callback])
    print('')

    # 最新プレイヤーのモデルの保存
    model.save('./model/latest.h5')

    # モデルの破棄
    K.clear_session()
    del model
```

動作確認の定義

動作確認のためのコードを追加します。train_network() の実行のみ行います。
デュアルネットワークの学習が完了すると、model フォルダに最新プレイヤーのモデ

ル（./model/latest.ㄱ5）が生成されますので、確認してください。

```
# 動作確認
if __name__ == '__main__':
    train_network()
```

動作確認の実行

「train_network.py」を「Google Colab」のインスタンスにアップロードして実行します。ノートブックで以下のコードを実行してください。

```
# train_network.pyのアップロード
from google.colab import files
uploaded = files.upload()
```

```
# フォルダの確認
!dir
```
```
data     game.py     pv_mcts.py     train_network.py     self_play.py
dual_network.py     model   __pycache__     sample_data
```

```
# train_network.pyの動作確認
!python train_network.py
```
```
Train 100/100
```

```
# フォルダの確認
!dir ./model/
```
```
best.h5 least.h5
```

6-6 新パラメータ評価部の作成

前節の「パラメータ更新部の作成」で、ベストプレイヤーから最新プレイヤーを作りました。ここでは、その2つを対戦させて、勝率の良いほうをベストプレイヤーとして残します。

最終的には、以降の6-8節「学習サイクルの実行」で、6-4節のセルフプレイによる学習データの作成から、6-5節のデュアルネットワークの学習、そしてこの節で「最新プレイヤー」と「ベストプレイヤー」同士の対戦を繰り返すことで、最終的に一番強いモデルデータが残ることになります。

新パラメータ評価部の作成の準備

「新パラメータ評価部」の実装を行います。今回のプログラムは、「evaluate_network.py」という名前で作成してください。

パッケージのインポート

新パラメータ評価のためのパッケージのインポートを行います。

```
# パッケージのインポート
from game import State
from pv_mcts import pv_mcts_action
from tensorflow.keras.models import load_model
from tensorflow.keras import backend as K
from pathlib import Path
from shutil import copy
import numpy as np
```

パラメータの準備

パラメータの準備を行います。

「EN_GAME_COUNT」は1評価あたりのゲーム数、「EN_TEMPERATURE」はボルツマン分布の温度パラメータになります。

```
# パラメータの準備
EN_GAME_COUNT = 10 # 1評価あたりのゲーム数（本家は400）
EN_TEMPERATURE = 1.0 # ボルツマン分布の温度パラメータ
```

先手プレイヤーのポイント

「first_player_point(ended_state)」は、最終局面から先手プレイヤーのポイントを計算します。先手勝利時は「1」、先手敗北時は「0」、引き分け時は「0.5」を返します。

```python
# 先手プレイヤーのポイント
def first_player_point(ended_state):
    # 1：先手勝利、0：先手敗北、0.5：引き分け
    if ended_state.is_lose():
        return 0 if ended_state.is_first_player() else 1
    return 0.5
```

1ゲームの実行

「play(next_actions)」は、1ゲーム分、ゲーム終了まで実行して、先手プレイヤーの勝率を計算します。

```python
# 1ゲームの実行
def play(next_actions):
    # 状態の生成
    state = State()

    # ゲーム終了までループ
    while True:
        # ゲーム終了時
        if state.is_done():
            break;

        # 行動の取得
        next_action = next_actions[0] if state.is_first_player() else next_actions[1]
        action = next_action(state)

        # 次の状態の取得
        state = state.next(action)

    # 先手プレイヤーのポイントを返す
    return first_player_point(state)
```

ベストプレイヤーの交代

update_best_player()は、「最新プレイヤー」を「ベストプレイヤー」に上書きします。

```python
# ベストプレイヤーの交代
def update_best_player():
```

```
        copy('./model/latest.h5', './model/best.h5')
        print('Change BestPlayer')
```

 ## ネットワークの評価

evaluate_network() は、ネットワークの評価を行います。

「最新プレイヤー」と「ベストプレイヤー」のモデルを読み込み、複数回対戦させます。「最新プレイヤー」の勝率が 50% 以上の時、「ベストプレイヤー」と交代しています。

この例では、EN_GAME_COUNT を「10」として、10 回対戦させて勝率を比較します。

> **COLUMN**
>
> **本家の AlphaZero のベストプレイヤーの交代**
>
> 「AlphaGo」「AlphaGo Zero」では、「最新プレイヤー」の勝率が 55% 以上の時、「ベストプレイヤー」と交代しています。本家の「AlphaZero」には「新パラメータ評価部」はなく、ニューラルネットワークは絶えず更新され続けます。

```python
# ネットワークの評価
def evaluate_network():
    # 最新プレイヤーのモデルの読み込み
    model0 = load_model('./model/latest.h5')

    # ベストプレイヤーのモデルの読み込み
    model1 = load_model('./model/best.h5')

    # PV MCTSで行動選択を行う関数の生成
    next_action0 = pv_mcts_action(model0, EN_TEMPERATURE)
    next_action1 = pv_mcts_action(model1, EN_TEMPERATURE)
    next_actions = (next_action0, next_action1)

    # 複数回の対戦を繰り返す
    total_point = 0
    for i in range(EN_GAME_COUNT):
        # 1ゲームの実行
        if i % 2 == 0:
            total_point += play(next_actions)
        else:
            total_point += 1 - play(list(reversed(next_actions)))

        # 出力
        print('\rEvaluate {}/{}'.format(i + 1, EN_GAME_COUNT), end='')
    print('')

    # 平均ポイントの計算
    average_point = total_point / EN_GAME_COUNT
    print('AveragePoint', average_point)
```

```python
    # モデルの破棄
    K.clear_session()
    del model0
    del model1

    # ベストプレイヤーの交代
    if average_point > 0.5:
        update_best_player()
        return True
    else:
        return False
```

動作確認の定義

動作確認のためのコードを追加します。evaluate_network() の実行のみ行います。

```python
# 動作確認
if __name__ == '__main__':
    evaluate_network()
```

動作確認の実行

「evaluate_network.py」を「Google Colab」のインスタンスにアップロードして実行します。ノートブックで以下のコードを実行してください。

以下の例では、10 回対戦して最新プレイヤーの勝率が 6 割だったので、ベストプレイヤーのモデルが更新されました。

```python
# evaluate_network.pyのアップロード
from google.colab import files
uploaded = files.upload()
```

```python
# フォルダの確認
!dir
```
```
data     game.py     __pycache__     self_play.py
dual_network.py     model train_network.py
evaluate_network.py     pv_mcts.py     sample_data
```

```python
# evaluate_network.pyの動作確認
!python evaluate_network.py
```
```
Evaluate 10/10
AveragePoint 0.6
Change BestPlayer 0001.h5
```

6-7 ベストプレイヤーの評価

　ここまで、「三目並べ」をAlphaZeroの手法で解くための各種のアルゴリズムの実装方法を解説しました。それぞれの節ごとに、動作確認のためのコードで実行しましたが、正常に動いているかどうかを確認しただけなので、本当に強くなっているのかと思った方もいるでしょう。
　この節では、デュアルネットワークの学習の結果、作成されたベストプレイヤーがどのぐらい強くなったのかを評価するためのコードを作成します。

ベストプレイヤーの評価の概要

　「ベストプレイヤーの評価」を行います。
　ベストプレイヤーを「ランダム」（5章「5-1 ミニマックス法で3木並べ」で作成）、「アルファベータ法」（5章「5-2 アルファベータ法で三目並べ」で作成）、「モンテカルロ木探索」（5章「5-4 モンテカルロ探索で三目並べ」で作成）と対戦させて、勝率を表示する処理で、ベストプレイヤーの交代時に実行します。

　学習サイクルに必須の処理ではありませんが、学習で本当に強くなっているかを確認できます。この節は、評価のためのコードを作成するだけで、コードの動作確認は学習前のモデルで行っています。学習後の結果の比較は、次節を参照してください。
　今回のプログラムは、「evaluate_best_player.py」という名前で作成してください。

パッケージのインポート

　5章のアルゴリズムと対戦させ、評価を行うためのパッケージのインポートを行います。

```
# パッケージのインポート
from game import State, random_action, alpha_beta_action, mcts_action
from pv_mcts import pv_mcts_action
from tensorflow.keras.models import load_model
from tensorflow.keras import backend as K
from pathlib import Path
import numpy as np
```

パラメータの準備

　パラメータの準備を行います。「EP_GAME_COUNT」は、勝率を計算するために行うゲーム数になります。

```
# パラメータの準備
EP_GAME_COUNT = 10  # 1評価あたりのゲーム数
```

 先手プレイヤーのポイント

前節の「6-6 新パラメータ評価部の作成」と同様です。

```
# 先手プレイヤーのポイント
def first_player_point(ended_state):
    # 1：先手勝利、0：先手敗北、0.5：引き分け
    if ended_state.is_lose():
        return 0 if ended_state.is_first_player() else 1
    return 0.5
```

 1ゲームの実行

前節の「6-6 新パラメータ評価部の作成」と同様です。

```
# 1ゲームの実行
def play(next_actions):
    # 状態の生成
    state = State()

    # ゲーム終了までループ
    while True:
        # ゲーム終了時
        if state.is_done():
            break

        # 行動の取得
        next_action = next_actions[0] if state.is_first_player() else next_actions[1]
        action = next_action(state)

        # 次の状態の取得
        state = state.next(action)

    # 先手プレイヤーのポイントを返す
    return first_player_point(state)
```

任意のアルゴリズムの評価

「evaluate_algorithm_of(label, next_actions)」は、引数に渡された任意のアルゴリズムの評価を行います。「label」が print() で出力するアルゴリズム名、「next_actions」

がアルゴリズムの関数になります。

```python
# 任意のアルゴリズムの評価
def evaluate_algorithm_of(label, next_actions):
    # 複数回の対戦を繰り返す
    total_point = 0
    for i in range(EP_GAME_COUNT):
        # 1ゲームの実行
        if i % 2 == 0:
            total_point += play(next_actions)
        else:
            total_point += 1 - play(list(reversed(next_actions)))

        # 出力
        print('\rEvaluate {}/{}'.format(i + 1, EP_GAME_COUNT), end='')
    print('')

    # 平均ポイントの計算
    average_point = total_point / EP_GAME_COUNT
    print(label, average_point)
```

 ベストプレイヤーの評価

evaluate_best_player() は、ベストプレイヤーの評価を行います。

```python
# ベストプレイヤーの評価
def evaluate_best_player():
    # ベストプレイヤーのモデルの読み込み
    model = load_model('./model/best.h5')

    # PV MCTSで行動選択を行う関数の生成
    next_pv_mcts_action = pv_mcts_action(model, 0.0)

    # VSランダム
    next_actions = (next_pv_mcts_action, random_action)
    evaluate_algorithm_of('VS_Random', next_actions)

    # VSアルファベータ法
    next_actions = (next_pv_mcts_action, alpha_beta_action)
    evaluate_algorithm_of('VS_AlphaBeta', next_actions)

    # VSモンテカルロ木探索
    next_actions = (next_pv_mcts_action, mcts_action)
    evaluate_algorithm_of('VS_MCTS', next_actions)

    # モデルの破棄
    K.clear_session()
    del model
```

動作確認の定義

動作確認のためのコードを追加します。evaluate_best_player()の実行のみ行います。

```
# 動作確認
if __name__ == '__main__':
    evaluate_best_player()
```

動作確認の実行

「evaluate_network.py」を「Google Colab」のインスタンスにアップロードして実行します。ノートブックで以下のコードを実行してください。

学習前だと、アルファベータ法とモンテカルロ探索（MCTS）に対しての勝率は、「0.0」になります。

```
# evaluate_best_player.pyのアップロード
from google.colab import files
uploaded = files.upload()

# フォルダの確認
!dir
```
```
data             evaluate_network.py      pv_mcts.py       sample_data
dual_network.py  game.py         __pycache__      self_play.py
evaluate_best_player.py    model   train_network.py
```

```
# evaluate_best_player.pyの動作確認
!python evaluate_best_player.py
```
```
Evaluate 10/10
VS_Random 0.6
Evaluate 10/10
VS_AlphaBeta 0.0
Evaluate 10/10
VS_MCTS 0.0
```

6-8 学習サイクルの実行

「6-2 デュアルネットワークの作成」「6-4 セルフプレイ部の作成」「6-5 パラメータ更新部の作成」「6-6 新パラメータ評価部の作成」に加えて「6-7 ベストプレイヤーの評価」と、必要なパーツがすべて揃いました。

これを順番に呼び出すことで、「学習サイクル」が完成し、AlphaZeroでの「三目並べ」の学習を行うことができます。

学習サイクルの実行の概要

冒頭の「6-1 AlphaZeroで三目並べ」の「図6-1-2 AlphaZeroの強化学習のサイクル」に、この章で作ったパーツと学習サイクルを図で示しています。再度確認して、これからコーディングするための全体像をつかんでください。

今回のプログラムは、「train_cycle.py」という名前で作成してください。

パッケージのインポート

AlphaZeroで「三目並べ」に必要なパッケージのインポートを行います。

```
# パッケージのインポート
from dual_network import dual_network
from self_play import self_play
from train_network import train_network
from evaluate_network import evaluate_network
from evaluate_best_player import evaluate_best_player
```

学習サイクルの定義

「学習サイクル」を定義します。

はじめに「デュアルネットワークの作成」を実行後、「セルフプレイ部」「パラメータ更新部」「新パラメータ評価部」を繰り返します。なお、この例では10回繰り返して、最新プレイヤーとベストプレイヤーを比較しています。

さらにベストプレイヤーの交代時は、前節で解説した「ベストプレイヤーの評価」を行い、学習で本当に強くなっているかを確認します。

```
# デュアルネットワークの作成
dual_network()
```

```python
for i in range(10):
    print('Train',i,'====================')
    # セルフプレイ部
    self_play()

    # パラメータ更新部
    train_network()

    # 新パラメータ評価部
    update_best_player = evaluate_network()

    # ベストプレイヤーの評価
    if update_best_player:
        evaluate_best_player()
```

学習サイクルの実行

サンプルのソースコード一式を「Google Colab」のインスタンスにアップロードして実行します。学習完了までに、GPU で半日はかかります。ノートブックで以下のコードを実行してください。

アップロード前にファイルが重複しないように、「rm -rf *」で全削除しています。サンプルのソースコード一式のアップロードでは、これまで作った以下のすべてのソースコードをアップロードしてください。

- game.py
- dual_network.py
- pv_mcts.py
- self_play.py
- train_network.py
- evaluate_network.py
- evaluate_best_player.py
- train_cycle.py

10 サイクル分の学習では、ベストプレイヤーの評価はランダムに「圧勝」、アルファベータ法と「引き分け」、モンテカルロ木探索に「勝利」となります。

```python
# ファイルの全削除
!rm -rf *

# サンプルのソースコード一式のアップロード
from google.colab import files
uploaded = files.upload()
```

```
# フォルダの確認
!dir
```
```
dual_network.py      game.py      self_play.py
evaluate_best_player.py    pv_mcts.py     train_cycle.py
evaluate_network.py    train_network.py
```

```
# 学習サイクルの実行
!python train_cycle.py
```
```
    （省略）
Train 9 ====================
SelfPlay 500/500
Train 100/100
Evaluate 10/10
AveragePoint 0.55
Change BestPlayer
Evaluate 10/10
VS_Random 0.95
Evaluate 10/10
VS_AlphaBeta 0.5
Evaluate 10/10
VS_MCTS 0.60
```

　　　　学習が完了したら、「best.h5」をダウンロードします。次章「7章 人間とAIの対戦」で利用します。

```
# best.h5のダウンロード
from google.colab import files
files.download('./model/best.h5')
```

 学習の再開

　　ベストプレイヤーのモデル（model/best.h5）が存在する状態で、「train_cycle.py」を実行すると学習を再開できます。

　10サイクル分の学習で十分強くなっていない場合は、学習再開で学習を続けてください。30サイクルでMCTS（モンテカルロ木探索）との勝率は70%ほどに上がります。

　12時間制限でインスタンスがリセットしそうな場合は、「best.h5」をインスタンス外に退避させて、メニュー「ランタイム→すべてのランタイムをリセット」でリセットしてから、学習を再開するとよいでしょう。

　「best.h5」をアップロードするコードは、次のとおりです。アップロード後、modelフォルダに移動しています。

```
# best.h5のアップロード
from google.colab import files
uploaded = files.upload()

# modelフォルダに移動
!mkdir model
!mv best.h5 model
```

> **COLUMN**
>
> **Google Colab のインスタンスを起動してからの時間**
>
> Google Colab のインスタンスを起動してからの時間を確認するには、以下のコマンドを実行します。Google Colab では、12時間ルールの制限で、実行結果が「0.5days」を超えるとまもなくリセットされます。
>
> ```
> !cat /proc/uptime | awk '{print $1 /60 /60 /24 "days (" $1 "sec)"}'
> 0.00371968days (321.38sec)
> ```

TPU の利用

3章「3-4 畳み込みニューラルネットワークで画像分類」で解説した「TPU の利用」を、今回の学習システムに適用すると、残念ながら GPU より遅い結果になります。

これは TPU の性能が悪いわけではなく、今回の学習システムがシンプルさを重視してシーケンシャルに動作するように実装しているためです。大規模な非同期システムを構築すれば、TPU によって高速化することができます。

表 6-8-1 GPU と TPU での速度の比較

ハードウェア	セルフプレイ	学習	モデルの保存
GPU	12分	3分（1エポック：1.8秒）	10秒
TPU	22分	5分（1エポック：3秒） ※1エポック目：4分、2エポック目以降：0.8秒	3分

セルフプレイの速度

セルフプレイは、たくさんの推論を行いますが、TPU 用モデルには「学習データ数とバッチサイズは TPU コアの数で割り切れる必要がある」という制限があります。ここで、1回の推論につき、8個に水増しした学習データを渡して、1個の推論結果を受け取る方法で対処すると、22分という遅い結果になります。

非同期に複数の学習を走らせるシステムを構築して、1回の推論につき、8個の推論結果を受け取れるようにすれば、単純計算で TPU は「22分÷8＝3分」なので、GPU より高速と言えます。

学習の速度

TPU には「1 エポック目の学習に時間がかかる」という特徴があるため、学習回数が多いほど TPU が有利になりますが、少ないほど TPU が不利になります。

たとえば 10,000 エポック学習させたとすると、GPU は 5 時間（10000*1.8 秒）、TPU は 2 時間半（4*60+0.8*10000 秒）と、TPU のほうが高速になります。

モデルの保存の速度

TPU 用モデルの保存時には、内部的に CPU 用モデルに変換してから保存するため、時間がかかります。

AlphaZero での「三目並べ」のまとめ

前章のモンテカルロ木探索による三目並べでは、アルファベータ法に対して 4 割ほどの勝率でした。この章で解説した AlphaZero の機械学習アルゴリズムを取り入れることで、三目並べでは最強のアルファベータ法にほぼ互角と迫ることができました。

通常のゲームでは、ゲーム木をすべて展開するアルファベータ法は時間がかかり過ぎて適応できないことを考えると、有限時間でアルファベータ法に対抗できた AlphaZero のアプローチは、たいへん優れているということがわかるでしょう。

251

CHAPTER 7 人間とAIの対戦

　6章では、AlphaZeroのアルゴリズムを使った「三目並べ」のAIを作成しました。ほかのアルゴリズムと対戦した結果を見ても、三目並べでは最強の「アルファベータ法」と同等の強いモデルが作れたことが確認できたかと思います。そこで、この章では前章のAlphaZeroでの学習済みのAIモデルを使って、人間と対戦する「三目並べ」ゲームを作ります。

　そのために、新しいPythonの開発環境を構築します。6章までは、クラウド上の「Google Colab」のなかに環境を構築し、学習を行ってモデルを作成し、強くなったかどうかの確認もクラウド上で行ってきました。クラウド上では、人間と対戦するゲームUIの作成ができないため、ローカルPC上に開発環境を構築します。

　ゲームUIの作成には、Python3に標準でバンドルされている「Tkinter」パッケージを使います。この章では、「三目並べのUI」を作ることが主眼のため、「Tkinter」の使い方については最小限の解説に止めています。詳しく知りたい方は、Webなど別な情報源を参照してください。また、三目並べのゲーム自体も、人間の先行のみに対応など簡略化していますので、後でよりゲームらしく拡張することもできます。

　この章は、ゲームUI作成の解説で機械学習に関する話題はありませんが、次の8章で、6章で紹介したAlphaZeroのアルゴリズムを取り入れた別なサンプルゲームを作成します。

> **この章の目的**

- ゲームUI作成のため、ローカルPCに新たなPythonの開発環境を準備し、必要なパッケージをインストールする
- Python3のGUI作成のためのパッケージ「Tkinter」の基本的な使い方をマスターする
- 「三目並べ」ゲームを作成し、前章で学習済みのAIモデルと人間で実際に対戦してみる

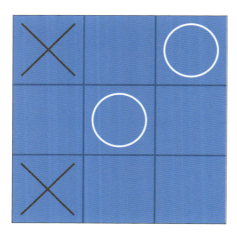
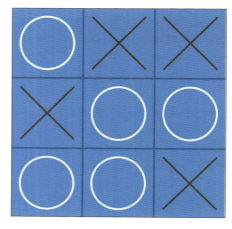

7-1 ローカルの Python 開発環境の準備

2章「Phtyon の開発環境の準備」では、さまざまな Python の開発環境のなかで、Google が提供している「Google Colab」に Python の開発環境を構築し、基本的な使い方を紹介しました。ここでは、クラウドではなくローカルの PC 内に、Python の実行環境を構築する手順を解説します。

ゲーム UI 作成のための Python 実行環境

人間と AI での対戦を行う場合、UI が必要になりますが、「Google Colab」上では UI は実行できないので、自分のパソコン上に Python の実行環境をインストールして構築します。

ローカルの Python 実行環境のインストール

ローカルの Pythcn 実行環境をインストールする方法はいろいろありますが、本書では「Anaconda」を使います。「Anaconda」は、Python 本体とよく利用されるライブラリをセットにしたパッケージです。

「Anaconda」のインストール手順は、次のとおりです。

Windows、および Mac でのインストール

01 Anaconda の公式サイトの「Download」で、プラットフォーム（「Windows」「macOS」）をクリックしてから「Python 3.x.x」を選択し、インストーラをダウンロード

> Anaconda
> https://www.anaconda.com/distribution/

図 7-1-1 Anaconda の公式サイトから「Python 3.x.x」をダウンロード

02 インストーラを実行し、インストーラの指示に従ってインストール

インストールが完了したら、「仮想環境」を作成します。「仮想環境」は、Python やライブラリのバージョンを用途別に切り替えて利用するための環境です。

03 Anaconda Navigator を起動

Windows はプログラム一覧の「Anaconda Navigator」、Mac はインストール先のフォルダ内の「Anaconda-Navigator.app」で起動します。

図 7-1-2 Anaconda Navigator の起動

04 左のメニューの「Environments」を選択

仮想環境の一覧が表示されます。初期状態では「base」という「仮想環境」のみが存在します。

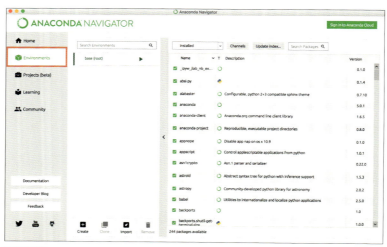

図 7-1-3 Anaconda Navigator のメニューから「Environments」の選択

05 下側にある「Create」ボタンをクリック

図 7-1-4 Anaconda Navigator の画面下部の「Create」ボタンのクリック

06 名前に「alphazero」(ほかの名前でも問題ありません)、Python のバージョンに「3.6」を指定し、「Create」ボタンをクリック

図 7-1-5 Python の仮想環境を新規に作成

07 作成した仮想環境の▶ボタンをクリックし、「Open Terminal」を選択

成功すると、Python が利用可能なコンソール(コマンドプロンプト)が起動します。

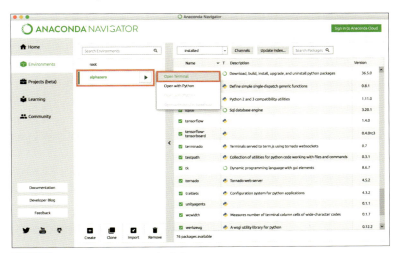

図 7-1-6 作成した Python の仮想環境の起動

255

⑧ プロンプトの左側に「(alphazero)」のように仮想環境名が表示されていることを確認

本書の以降のコマンド入力作業は、すべてこの仮想環境内で行ってください。

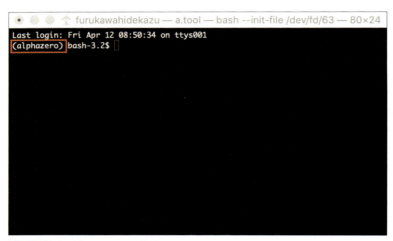

図 7-1-7 仮想環境のターミナルが起動した

⑨ 以下のコマンドを入力して、Python がイントールされていることを確認

```
$ python --version
Python 3.6.8 :: Anaconda, Inc.
```

▶ Ubuntu（Linux）でのインストール

① Anaconda の公式サイトの「Download」画面で、プラットフォーム（「Linux」）をクリックしてから「Python 3.x.x」を選択し、インストーラをダウンロード

> **Anaconda**
> https://www.anaconda.com/distribution/

② ダウンロードした「.sh」ファイルを実行し、インストーラの指示に従ってインストール

基本的に「yes/no」と「Enter」で画面を進みます。

```
$ bash Anaconda3-2018.12-Linux-x86_64.sh
```

③ 以下のコマンドで仮想環境の作成

名前に「alphazero」、Python のバージョンに「3.6」を指定しています。

```
$ conda create -n alphazero python=3.6 anaconda
```

(04) 以下のコマンドで仮想環境の切り替え

```
$ conda activate alphazero
```

(05) プロンプトの左側に「(alphazero)」のように仮想環境名が表示されていることを確認

本書の以降のコマンド入力作業は、すべてこの仮想環境内で行ってください。

(06) 以下のコマンドを入力して、Python がイントールされていることを確認

```
$ python --version
Python 3.6.8 :: Anaconda, Inc.
```

Anaconda のターミナル（コマンドプロンプト）での主なコマンドは、次のとおりです。このコマンドは、Windows や Mac でも利用できます。

表7-1-1 Anaconda の主なコマンド

操作	コマンド
仮想環境の作成	conda create -n <仮想環境名> python=3.6 anaconda
仮想環境の切り替え	conda activate <仮想環境名>
仮想環境の解除	conda deactivate
仮想環境の一覧	conda info -e

パッケージのインストール

「三目並べの UI」を作成するために必要な「TensorFlow」「Pillow（PIL）」「h5py」は、Anaconda の仮想環境の初期状態に含まれていないので、インストールします。

表7-1-2にある「HDF5」は、Hierarchical Data Format 形式と呼ばれるデータのことで、階層化されたデータ群を取り扱うファイル形式の１つになります。Keras の API でニューラルネットワークのモデルの保存を行うと、この「HDF5」形式で保存されます。2 章や6 章で、model.save() で保存してきた「h5 ファイル」がこの形式にあたります。

表7-1-2 Python の仮想環境にインストールするパッケージ

パッケージ	説明	バージョン
tensorflow	深層学習のパッケージ	1.13.1
Pillow（PIL）	画像処理のパッケージ	4.1.1
h5py	HDF5を取り扱うためのパッケージ	2.8.0

以下のコマンドで、インストールを実行します。

```
$ pip install tensorflow
$ pip install pillow
$ pip install h5py
```

エディタの準備

　Pythonのコードを編集するエディタも用意します。Pythonでよく使われるエディタとしては、「Visual Studio Code」「Atom」「Vim」があります。これらのエディタには、Pythonのコード入力をサポートする機能が付いています。もちろん、ほかのエディタを使っても構いません。

◎ Visual Studio Code
　Url：https://code.visualstudio.com/
　費用：無償
　開発者：Microsoft
　Platforms：Windows、macOS、Linux

◎ Atom
　Url：https://atom.io/
　費用：無償
　開発者：GitHub
　プラットフォーム：Windows、macOS、Linux

◎ Vim
　Url：http://www.vim.org/
　費用：無償
　開発者：Bram Moolenaar
　プラットフォーム：Windows、macOS、Linux

スクリプトの記述から実行まで

　エディタを使って、Pythonスクリプトを実行するまでの手順は、次のとおりです。

01 エディタを起動し、メニュー「ファイル→新規ファイル」などで、新規ファイルを準備

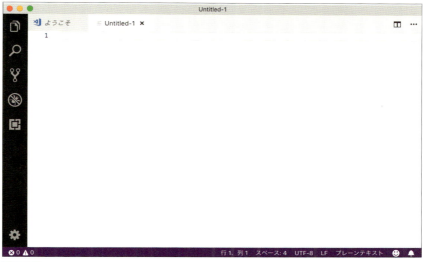

図 7-1-8 エディタで新規ファイルを作成

02 空のセルに、以下のコードを記述

「Hello World」という文字列を表示するコードになります。

```
print('Hello World!')
```

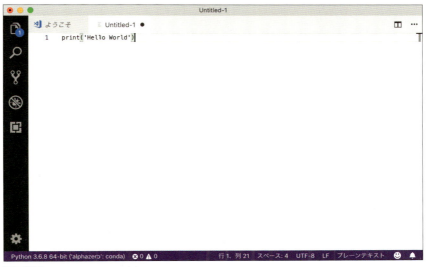

図 7-1-9 Python のコードを入力

03 メニュー「ファイル→名前を付けて保存」などで、「hello.py」という名前で保存

「Python スクリプト」の拡張子は、「py」にしてください。

ダウンロード
戻る/進む
表示
グループ
アクション
共有
タグを追加
検索
場所
npaka (2)
リモートディスク
ネットワーク
iCloud
iCloud Drive
よく使う項目
アプリケーション
AirDrop
デスクトップ
furukawahidekazu
ダウンロード
書類
タグ
hello.py
print('Hello World')
hello.py
Python Source - 20 バイト
その他...
1項目中の1項目を選択、367.6 GB空き

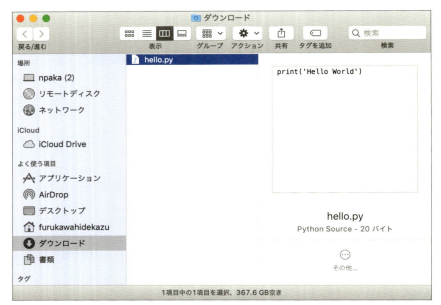

図 7-1-10 作成したファイルを保存

04 仮想環境のターミナル（コマンドプロンプト）から、cd コマンドで「hello.py」が存在するフォルダに移動し、Python コマンド使って Python スクリプトを実行

Python コマンドの書式は、次のとおりです。

書式 `$ python <Pythonスクリプト名>`

今回は「hello.py」を実行するので、次のように入力します。

```
$ python hello.py
Hello World!
```

furukawahidekazu — a.tool — bash --init-file /dev/fd/63 — 70×16
Last login: Thu Apr 25 17:58:27 on ttys001
/Users/furukawahidekazu/.anaconda/navigator/a.tool ; exit;
(base) npaka:~ furukawahidekazu$ /Users/furukawahidekazu/.anaconda/nav
igator/a.tool ; exit;
(alphazero) bash-3.2$ cd /Users/furukawahidekazu/Downloads/
(alphazero) bash-3.2$ python hello.py
Hello World
(alphazero) bash-3.2$

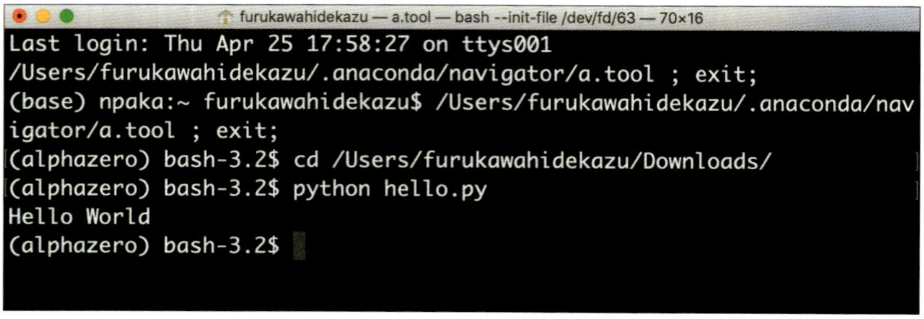

図 7-1-11 Python の仮想環境で、フォルダを移動しスクリプトを実行

COLUMN

GPU 版の TensorFlow のインストール

　GPU 版の TensorFlow をインストールするには、以下が必要になります。GPU 版の TensorFlow を使うことで、機械学習のパフォーマンスを上げることができます。

- NVIDIA の GPU を持つパソコンの用意
- NVIDIA ドライバと CUDA と cuDNN のインストール
- tensorflow-gpu のインストール

◎ NVIDIA の GPU を持つパソコンの用意

　NVIDIA の GPU（GeForce）が必須になります。最近の Mac では NVIDIA の GPU は使えないので、Windows 10 か Linux を用意する必要があります。

◎ NVIDIA ドライバと CUDA と cuDNN のインストール

　「NVIDIA ドライバ」は NVIDIA のグラフィックスボードを動かすためのドライバ、「CUDA」は NVIDIA が提供している GPU 向けの統合開発環境、「cuDNN」は NVIDIA が提供している深層学習用のライブラリになります。

NVIDIA ドライバ
https://www.nvidia.co.jp/Download/index.aspx?lang=jp

CUDA
https://developer.nvidia.com/cuda-downloads

cuDNN
https://developer.nvidia.com/cudnn

◎ tensorflow-gpu のインストール

　「tensorflow」ではなく「tensorflow-gpu」を使います。GPU 版の TensorFlow 1.8 をインストールする場合は、次のようにします。

```
$ pip uninstall tensorflow
$ pip install tensorflow-gpu==1.8
```

　「tensorflow-gpu」のバージョンと CUDA と cuDNN のバージョンは、対応するもので揃える必要があります。以下の Web サイトで、それぞれのプラットフォームの「Tested build configurations」の項目を確認してください。

Build from source | TensorFlow

https://www.tensorflow.org/install/source#common_installation_problems

Version	Python version	Compiler	Build tools	cuDNN	CUDA
tensorflow_gpu-1.13.1	2.7, 3.3-3.6	GCC 4.8	Bazel 0.19.2	7.4	10.0
tensorflow_gpu-1.12.0	2.7, 3.3-3.6	GCC 4.8	Bazel 0.15.0	7	9
tensorflow_gpu-1.11.0	2.7, 3.3-3.6	GCC 4.8	Bazel 0.15.0	7	9
tensorflow_gpu-1.10.0	2.7, 3.3-3.6	GCC 4.8	Bazel 0.15.0	7	9
tensorflow_gpu-1.9.0	2.7, 3.3-3.6	GCC 4.8	Bazel 0.11.0	7	9
tensorflow_gpu-1.8.0	2.7, 3.3-3.6	GCC 4.8	Bazel 0.10.0	7	9
tensorflow_gpu-1.7.0	2.7, 3.3-3.6	GCC 4.8	Bazel 0.9.0	7	9
tensorflow_gpu-1.6.0	2.7, 3.3-3.6	GCC 4.8	Bazel 0.9.0	7	9
tensorflow_gpu-1.5.0	2.7, 3.3-3.6	GCC 4.8	Bazel 0.8.0	7	9
tensorflow_gpu-1.4.0	2.7, 3.3-3.6	GCC 4.8	Bazel 0.5.4	6	8
tensorflow_gpu-1.3.0	2.7, 3.3-3.6	GCC 4.8	Bazel 0.4.5	6	8
tensorflow_gpu-1.2.0	2.7, 3.3-3.6	GCC 4.8	Bazel 0.4.5	5.1	8
tensorflow_gpu-1.1.0	2.7, 3.3-3.6	GCC 4.8	Bazel 0.4.2	5.1	8
tensorflow_gpu-1.0.0	2.7, 3.3-3.6	GCC 4.8	Bazel 0.4.2	5.1	8

図 GPU 対応 TensorFlow、CUDA、cuDNN の対応バージョン（Linux の例）

7-2 Tkinter で GUI 作成

「三目並べ」ゲームの UI を作成するための準備として、「Tkinter」パッケージの概要と使い方を解説します。なお、ここではゲーム UI 作成の最小限の解説に止めています。

Tkinter とは

「Tkinter」は、Python で GUI を作成するパッケージです。このパッケージは、「Python 3.x.x」に標準で含まれています。

「三目並べの UI」を作る前に、「Tkinter」の基本的な使い方を解説します。

空の UI の作成

以下の図 7-2-1 のような「空の UI」を作成します。今回のプログラムは、「empty_ui.py」という名前で作成します。

図 7-2-1
UI が何もない「Hello World」ウィンドウ

フレーム

UI を生成するには、「Frame」を継承したフレームを用意します。pack() でウィジェット（UI 部品）の配置を調整し、mainloop() で実行します。

タイトルの表示

タイトルを表示するには、self.master.title() を使います。今回は「Hello World」を表示しています。master は Frame のコンストラクタの引数で、このウィジェットを作った親ウィジェットになります。

キャンバスの生成

「キャンバス」は、グラフィックの描画を行う UI です。キャンバスを生成するには、

「Canvas」を使います。引数には、追加先フレームと、幅・高さと、ハイライトの厚さを指定します。最後に、pack() でウィジェットの配置を調整します。

```python
import tkinter as tk

# 空UIの定義
class EmptyUI(tk.Frame):
    # 初期化
    def __init__(self, master=None):
        tk.Frame.__init__(self, master)

        # タイトルの表示
        self.master.title('Hello World')

        # キャンバスの生成
        self.c = tk.Canvas(self, width = 240, height = 240, highlightthickness = 0)
        self.c.pack()

# 空UIの実行
f = EmptyUI()
f.pack()
f.mainloop()
```

以下で、スクリプトを実行します。

```
$ python empty_ui.py
```

COLUMN

Tkinter のウィジェット

本書で利用する Tkinter のウィジェットは、「フレーム」と「キャンバス」のみです。Tkinter のウィジェットとしては、次のようなものがあります。

表 Tkinter のウィジェット

クラス名	ウィジェット名	説明
Frame	フレーム	継承して利用するウィジェットのフレーム
Label	ラベル	文字列やイメージの表示
Message	メッセージ	複数行の文字列の表示
Button	ボタン	ボタン
Radiobutton	ラジオボタン	複数の項目から1つ選択するボタン
Checkbutton	チェックボタン	チェックの有無を指定するボタン
Listbox	リストボックス	リストボックス
Scrollbar	スクロールバー	スクロールバー
Scale	スケール	数値指定のスライダ
Entry	エントリー	1行の文字列の入力と編集

クラス名	ウィジェット名	説明
Text	テキスト	複数行の文字列の入力と編集
Menu	メニュー	メニュー
Menubutton	メニューボタン	メニューボタン
Bitmap	ビットマップ	ビットマップ
Canvas	キャンバス	グラフィックの描画
LabelFrame	ラベルフレーム	ラベル付きのフレーム
Spinbox	スピンボックス	入力補助用の上下ボタンが付いたスピンボックス
PanedWindow	ペインウィンドウ	画面分割ができるペインウィンドウ

ウィジェット共通のメンバ変数は、次のとおりです。

表 ウィジェットのメンバ変数

メンバ変数	説明
text	ウィジェット内に表示されるテキスト
textvariable	テキストを格納するオブジェクト
image	ウィジェット内に表示されるイメージ
bitmap	ウィジェット内に表示されるビットマップ
relief	ウィジェットの枠のスタイル
height	ウィジェットの高さ
width	ウィジェットの幅
anchor	ウィジェットや表示されるデータの位置

ウィジェット共通のメソッドは、次のとおりです。

表 ウィジェットのメソッド

メソッド名	説明
foreground(fg)	前景色の指定
background(bg)	背景色の指定
borderwidth(bd)	枠の幅の指定
place(x,y)	指定した座標に配置
pack()	ウィジェットを縦または横一列に配置
grid()	ウィジェットを格子状に配置

グラフィックの描画

以下の図7-2-2のような「グラフィックの描画を行うUI」を作成します。ライン、円、矩形、文字列を描画します。今回のプログラムは、「graphic_ui.py」という名前で作成します。

265

図 7-2-2 ラインや円、文字列などを描画したウィンドウ

描画のクリア

描画をクリアするには、「Canvas の delete('all')」を使います。

グラフィックの描画

グラフィックの描画は、「Canvas」のメソッドを使います。Canvas のメソッドと引数は、次のとおりです。

表 7-2-1 Canvas のメソッド

メソッド	説明
create_line()	ライン
create_oval()	楕円
create_arc()	円弧
create_rectangle()	矩形
create_polygon()	多角形
create_image()	イメージ
create_bitmap()	ビットマップ
create_text()	文字列

表 7-2-2 Canvas のメソッドの引数

引数	型	説明
outline	str	枠の色
width	float	枠の幅
fill	str	塗り潰し色
anchor	str	原点（anchorの定数より選択）。create_text()とcreate_image()で利用
text	str	テキスト。create_text()で利用
font	str	フォント。create_text()で利用
image	PhotoImage	イメージ。create_image()で利用

表 7-2-3 anchor の定数

定数	説明
nw	左上
n	上
ne	右上
w	左
center	中央
e	右
sw	左下
s	下
se	右下

　ラインの描画は create_line()、円の描画は create_oval()、円の塗り潰しは create_oval()、矩形の描画は create_rectangle()、矩形の塗り潰しは create_rectangle()、文字列の表示は create_text() を使います。

```python
import tkinter as tk

# グラフィックUIの定義
class GraphicUI(tk.Frame):
    # 初期化
    def __init__(self, master=None):
        tk.Frame.__init__(self, master)

        # タイトルの表示
        self.master.title('グラフィックの描画')

        # キャンバスの生成
        self.c = tk.Canvas(self, width = 240, height = 240, highlightthickness = 0)
        self.c.pack()

        # 描画の更新
        self.on_draw()

    # 描画の更新
    def on_draw(self):
        # 描画のクリア
        self.c.delete('all')

        # ラインの描画
        self.c.create_line(10, 30, 230, 30, width = 2.0, fill = '#FF0000')

        # 円の描画
        self.c.create_oval(10, 70, 50, 110, width = 2.0, outline = '#00FF00')

        # 円の塗り潰し
        self.c.create_oval(70, 70, 110, 110, width = 0.0, fill = '#00FF00')
```

```
        # 矩形の描画
        self.c.create_rectangle(10, 130, 50, 170, width = 2.0, outline = '#00A0FF')

        # 矩形の塗り潰し
        self.c.create_rectangle(70, 130, 110, 170, width = 0.0, fill = '#00A0FF')

        # 文字列の表示
        self.c.create_text(10, 200, text = 'Hello World', font=' courier 20', anchor
= tk.NW)

# グラフィックUIの実行
f = GraphicUI()
f.pack()
f.mainloop()
```

 ## イメージの描画

以下の図 7-2-3 のような「イメージの描画を行う UI」を作成します。ここでは、アイコン画像を読み込んで描画します。今回のプログラムは、「graphic_ui.py」という名前で作成します。

図 7-2-3
イメージ画像を読み込んで、
ウィンドウに表示

リソースの準備

80 × 80 ピクセルの「sample.png」を、ソースコードと同じ場所に用意します。

図 7-2-4 リソース画像「sample.png」

イメージの読み込み

イメージの読み込みには、Image.open() を使います。それを ImageTk.PhotoImage() を使って、「PhotoImage」に変換します。

もう 1 枚は、Image の rotate(180) でイメージを 180 度反転させて使います。

イメージの描画

イメージの描画には、create_image() を使います。

```python
import tkinter as tk
from PIL import Image, ImageTk

# イメージUIの定義
class ImageUI(tk.Frame):
    # 初期化
    def __init__(self, master=None):
        tk.Frame.__init__(self, master)

        # タイトルの表示
        self.master.title('イメージの描画')

        # イメージの読み込み
        image = Image.open('sample.png')
        self.images = []
        self.images.append(ImageTk.PhotoImage(image))
        self.images.append(ImageTk.PhotoImage(image.rotate(180)))

        # キャンバスの生成
        self.c = tk.Canvas(self, width = 240, height = 240, highlightthickness = 0)
        self.c.pack()

        # 描画の更新
        self.on_draw()


    # 描画の更新
    def on_draw(self):
        # 描画のクリア
        self.c.delete('all')

        # イメージの描画
        self.c.create_image(10, 10, image=self.images[0],  anchor=tk.NW)

        # 反転イメージの描画
        self.c.create_image(10, 100, image=self.images[1],  anchor=tk.NW)

# イメージUIの実行
f = ImageUI()
f.pack()
f.mainloop()
```

イベント処理

　Tkinter のイベント処理を実装します。キャンバスをクリックした時に、クリックした位置を画面に表示します。

図 7-2-5
「クリック」イベントを受け取り、
クリック位置をウィンドウに表示

イベントの関連付け

　イベントの関連付けは、「bind（イベント定数 , 関数）」を使います。今回は、左マウスボタン押下時に on_click() を呼んでいます。

　左マウスボタン押下時のイベント定数は、「<Button-1>」です。通知先の関数のevent の event.x にクリック位置の X 座標、event.y にクリック位置の Y 座標が渡されます。

```python
import tkinter as tk
from PIL import Image, ImageTk

# イベントUIの定義
class EventUI(tk.Frame):
    # 初期化
    def __init__(self, master=None):
        tk.Frame.__init__(self, master)

        # タイトルの表示
        self.master.title('イベント処理')

        # クリック位置
        self.x = 0
        self.y = 0

        # キャンバスの生成
        self.c = tk.Canvas(self, width = 240, height = 240, highlightthickness = 0)
        self.c.bind('<Button-1>', self.on_click) # クリック判定の追加
        self.c.pack()

        # 描画の更新
        self.on_draw()

    # クリック時に呼ばれる
```

```python
    def on_click(self, event):
        self.x = event.x
        self.y = event.y
        self.on_draw()

    # 描画の更新
    def on_draw(self):
        # 描画のクリア
        self.c.delete('all')

        # 文字列の表示
        str = 'クリック位置 {},{}'.format(self.x, self.y)
        self.c.create_text(10, 10, text = str, font=' courier 16' , anchor = tk.NW)

# イベントUIの実行
f = EventUI()
f.pack()
f.mainloop()
```

COLUMN

Tkinter のイベント定数

　Tkinter のイベント定数は、次のとおりです。マウス関連のイベントしか示していませんが、このほかにも、キーボード関連のキーイベントなどがあります。

表 Tkinter のイベント定数

定数	説明
\<Button-1\>	左マウスボタンを押下
\<Button-2\>	真ん中マウスボタンを押下
\<Button-3\>	右マウスボタンを押下
\<B1-Motion\>	左マウスボタンを押しながら移動
\<B2-Motion\>	真ん中マウスボタンを押しながら移動
\<B3-Motion\>	右マウスボタンを押しながら移動
\<ButtonRelease-1\>	左マウスボタンを離す
\<ButtonRelease-2\>	真ん中マウスボタンを離す
\<ButtonRelease-3\>	右マウスボタンを離す
\<Double-Button-1\>	左マウスボタンのダブルクリック
\<Double-Button-2\>	真ん中マウスボタンのダブルクリック
\<Double-Button-3\>	右マウスボタンのダブルクリック
\<Enter\>	マウスポインタがウィジェットに入った
\<Leave\>	マウスポインタがウィジェットから出た

7-3 人間とAIの対戦

前節で解説した「Tkinter」パッケージの基本的な使い方を踏まえ、「三目並べ」ゲームのUIを作成し、「人間 vs AI」で対戦するゲームとして完成させます。

人間とAIの対戦の概要

「三目並べのUI」を作成して、人間とAIで対戦します。石の配置は、マウスの左クリックで行います。また、簡易化のため人間は先攻のみとしています。

今回のプログラムは、「human_play.py」という名前で作成してください。

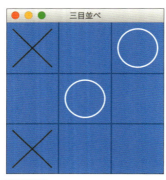

図 7-3-1 「三目並べ」のゲーム画面

パッケージのインポート

「三目並べ」ゲームの作成に必要なパッケージのインポートを行います。

```
# パッケージのインポート
from game import State
from pv_mcts import pv_mcts_action
from tensorflow.keras.models import load_model
from pathlib import Path
from threading import Thread
import tkinter as tk
```

ベストプレイヤーのモデルの読み込み

前章で学習済みの「三目並べ」のベストプレイヤーのモデルの読み込みを行います。モデルは、ローカルPC上にダウンロードしておく必要があります（配置場所などは後述）。

```python
# ベストプレイヤーのモデルの読み込み
model = load_model('./model/best.h5')
```

ゲームUIの定義と実行

ゲームUI「GameUI」を以下のソースコードのように定義して実行します。GameUIのメソッドは、次のとおりです。

表7-3-1 GameUIのメソッド

メソッド	説明
__init__(master=None, model=None)	ゲームUIの初期化
turn_of_human(event)	人間のターン
turn_of_ai()	AIのターン
draw_piece(index, first_player)	石の描画
on_draw()	描画の更新

以下のソースコードの省略部分は、後ほどメソッドごとに説明します。

```
# ゲームUIの定義
class GameUI(tk.Frame):
    （省略）

# ゲームUIの実行
f = GameUI(model=model)
f.pack()
f.mainloop()
```

ゲームUIの初期化

「__init__()」は、ゲームUIの初期化を行います。
ここでは、「ゲーム状態」と「PV MCTSで行動選択を行う関数」と「キャンバス」を準備しています。最後に描画の更新を行い、初期の画面表示を行っています。

```
# 初期化
def __init__(self, master=None, model=None):
    tk.Frame.__init__(self, master)
    self.master.title('三目並べ')

    # ゲーム状態の生成
    self.state = State()

    # PV MCTSで行動選択を行う関数の生成
    self.next_action = pv_mcts_action(model, 0.0)

    # キャンバスの生成
```

```
        self.c = tk.Canvas(self, width = 240, height = 240, highlightthickness = 0)
        self.c.bind('<Button-1>', self.turn_of_human)
        self.c.pack()

        # 描画の更新
        self.on_draw()
```

人間のターンの処理

turn_of_human() は、人間のターンの処理を行います。

(01) ゲーム終了時

ゲーム終了時は、ゲーム状態を初期状態に戻します。

(02) 先手でない時

先手でない時（AIのターン時）は、人間は操作不可とします。

(03) クリック位置を行動に変換

クリック位置から、行動（マス番号）に変換します。

(04) 合法手でない場合

クリック位置のXY座標から行動に変換し、その行動が合法手でない場合は無処理とします。

(05) 次の状態を取得

合法手の時は、state.next() で次の状態を取得し、描画の更新を行います。

(06) AIのターンへ遷移

人間のターンが終わると、AIのターンへの遷移を行います。

直接 turn_of_ai() を呼ぶと、AIのターンが終了するまで人間のターンでの画面更新（⑤）が適用されないため、master.after() で1ミリ秒のスリープをしてから呼ぶようにしています。

```
# 人間のターン
def turn_of_human(self, event):
    # ゲーム終了時
    if self.state.is_done():
        self.state = State()
        self.on_draw()
        return

    # 先手でない時
    if not self.state.is_first_player():
```

```
            return

    # クリック位置を行動に変換
    x = int(event.x/80)
    y = int(event.y/80)
    if x < 0 or 2 < x or y < 0 or 2 < y: # 範囲外
        return
    action = x + y * 3

    # 合法手でない時
    if not (action in self.state.legal_actions()):
        return

    # 次の状態の取得
    self.state = self.state.next(action)
    self.on_draw()

    # AIのターン
    self.master.after(1, self.turn_of_ai)
```

AI のターンの処理

turn_of_ai() は、AI のターンの処理を行います。

(01) ゲーム終了時

ゲーム終了時は、無処理です。

(02) 行動の取得

ニューラルネットワークで、行動を取得します。

(03) 次の状態の取得

取得した行動に応じて次の状態を取得し、描画の更新を行います。

```
# AIのターン
def turn_of_ai(self):
    # ゲーム終了時
    if self.state.is_done():
        return

    # 行動の取得
    action = self.next_action(self.state)

    # 次の状態の取得
    self.state = self.state.next(action)
    self.on_draw()
```

石の描画

draw_piece() は、石の描画を行います。

引数の「index」はマス番号、「first_player」は先手かどうかです。先手はマル、後手はバツを描画します。

```python
# 石の描画
def draw_piece(self, index, first_player):
    x = (index%3)*80+10
    y = int(index/3)*80+10
    if first_player:
        self.c.create_oval(x, y, x+60, y+60, width = 2.0, outline = '#FFFFFF')
    else:
        self.c.create_line(x, y, x+60, y+60, width = 2.0, fill = '#5D5D5D')
        self.c.create_line(x+60, y, x, y+60, width = 2.0, fill = '#5D5D5D')
```

描画の更新

on_draw() は、描画の更新を行います。すべてのマス目と石を描画します。

```python
# 描画の更新
def on_draw(self):
    self.c.delete('all')
    self.c.create_rectangle(0, 0, 240, 240, width = 0.0, fill = '#00A0FF')
    self.c.create_line(80, 0, 80, 240, width = 2.0, fill = '#0077BB')
    self.c.create_line(160, 0, 160, 240, width = 2.0, fill = '#0077BB')
    self.c.create_line(0, 80, 240, 80,  width = 2.0, fill = '#0077BB')
    self.c.create_line(0, 160, 240, 160, width = 2.0, fill = '#0077BB')
    for i in range(9):
        if self.state.pieces[i] == 1:
            self.draw_piece(i, self.state.is_first_player())
        if self.state.enemy_pieces[i] == 1:
            self.draw_piece(i, not self.state.is_first_player())
```

人間と AI の対戦の実行

人間と AI の対戦を実行するには、「human_play.py」と同じフォルダに、前章で作成したモデル「best.h5」を含む model フォルダが存在することを確認します。

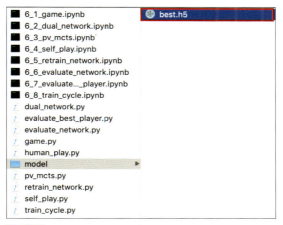

図 7-3-2 ローカル環境のフォルダ構成の確認

　その後、仮想環境のターミナル（コマンドプロンプト）で以下のコマンドを実行すると、三目並べのゲーム（先手：人間、後手：AI）が始まります。実際に 6 章で作った AI のモデルと対戦してみましょう。

```
$ python human_play.py
```

> **COLUMN**
>
> ### TensorFlow の CPU の拡張命令の警告
>
> TensorFlow を実行すると、以下のような警告が出ます。
>
> ```
> Your CPU supports instructions that this TensorFlow binary was not
> compiled to use: AVX2 FMA
> ```
>
> これは、「拡張命令に対応した CPU だけど、それらが使えない TensorFlow のバイナリを使っている」という警告で、無視しても問題ありません。
>
> CPU の拡張命令を使いたい場合は、以下よりソースコードをダウンロードして、別途 TensorFlow をコンパイルする必要があります。これにより、CPU での TensorFlow の処理速度が 20% ほど高速化します。
>
> **Build from source | TensorFlow**
> https://www.tensorflow.org/install/source

CHAPTER 8 サンプルゲームの実装

　6章、7章では「三目並べ」を題材として、AlphaZeroのアルゴリズムを使ったAIモデルを作成し、実際に人間とAIで対戦するゲームを実装しました。この章では、別なボードゲームをもとにした対戦ゲームを作ってみて、これまでの知識がいろいろなゲームで応用できることを学んでいきます。

　1つ目の題材は「コネクトフォー」で、別名「重力付き四目並べ」とも呼ばれます。「三目並べ」の発展系として、最初の題材に選びました。

　2つ目は、歴史も古く定番のボードゲームとしても有名な「リバーシ」です。コンピュータゲームとしても多くの種類が発売されているので、遊んだことがある人も多いでしょう。

　3つ目の題材は、「どうぶつしょうぎ」をベースにした「簡易将棋」になります。本家のAlphaZeroは「将棋」の対戦ゲームですが、書籍のサンプルにできる規模ではありません。作成するゲームは駒の数や動きが限定された簡易版とはいうものの、駒を取って持ち駒にして打ち込むことができるなど、ほかのサンプルゲームとは違った要素が含まれています。

　この3つのゲームは、「三目並べ」と同じ「二人零和有限確定完全情報ゲーム」なので、6章で「三目並べ」のために作った学習サイクルを、一部カスタマイズするだけで、ほぼそのまま利用できます。

▶ この章の目的

- 「三目並べ」の一部を改良することで、重力付き四目並べ「コネクトフォー」が実装できることを理解する
- 多くの人に親しまれている「リバーシ」も、6章で作成した学習サイクルを活用することで、強いプログラムができることを確認する
- 駒の動きを簡略化した「簡易将棋」にも学習サイクルを適用し、「人間 vs コンピュータ」で対戦してみる

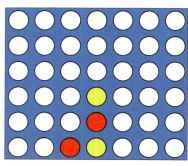

コネクトフォー　　　リバーシ　　　簡易将棋

コネクトフォー

　この節のサンプルゲームは、「コネクトフォー」です。前章の「三目並べ」を少し複雑にした対戦ゲームなので、最初のサンプルとしては理解しやすいでしょう。三目並べと同様に「Google Colab」で学習を行い、「ローカル PC」でゲーム UI を実行します。

コネクトフォーの概要

　重力付き四目並べ「コネクトフォー」を実装します。2 人のプレイヤーが交互に「7×6」の盤面に石を下から積み重ねていきます。先に縦・横・斜めのいずれかに、直線状に石を 4 つ並べたほうが勝ちとなります。
　「コネクトフォーの UI」の石を落とす列は、クリックで指定します。また、簡易化のため人間は先手のみとしています。

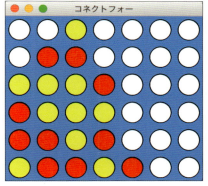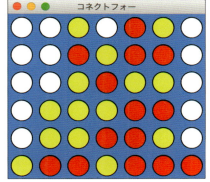

図 8-1-1 「コネクトフォー」のゲーム画面

　サンプルのソースコード一覧は、次のとおりです。
　6 章の「三目並べ」のコードとの差分は、ゲーム状態（game.py）とゲーム UI（human_play.py）はゲーム自体が異なるので全更新、デュアルネットワーク（dual_network.py）はパラメータのみ更新、学習サイクルの実行（train_cycle.py）は「ベストプレイヤーの評価」のみ削除、となります。
　以降では、ソースコードの変更部分のみを解説します。ほかのソースコードの解説は、6 章、7 章を参照してください。

表 8-1-1 「コネクトフォー」のソースコード一覧

ソースコード	説明	6章、7章との差分
game.py	ゲーム状態	全更新
dual_network.py	デュアルネットワーク	パラメータのみ
pv_mcts.py	モンテカルロ木探索	なし
self_play.py	セルフプレイ部	なし
train_network.py	パラメータ更新部	なし
evaluate_network.py	新パラメータ評価部	なし
train_cycle.py	学習サイクルの実行	ベストプレイヤーの評価の削除
human_play.py	ゲームUI	全更新

コネクトフォーのデュアルネットワークの入力

コネクトフォーのデュアルネットワークの入力は、「ゲームの盤面」です。

今回は「ゲームの盤面」を、「自分の石の配置」と「相手の石の配置」の2つの2次元配列で入力します。具体的には、7×6の2次元配列が2つで、入力シェイプは「(7, 6, 2)」となり、石が置かれている時は「1」、そうでない時は「0」としています。

- 自分の石の配置（7×6の2次元配列）
- 相手の石の配置（7×6の2次元配列）

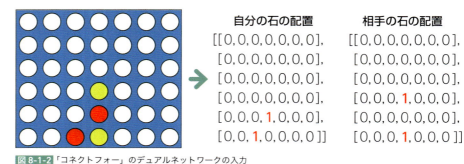

図 8-1-2 「コネクトフォー」のデュアルネットワークの入力

コネクトフォーの行動

コネクトフォーの行動は、石を落とす列（0～6）です。重力によって、選択した列のまだ石が置かれていない一番下のマスに石が配置されます。行動数は、「7」（列数）となります。

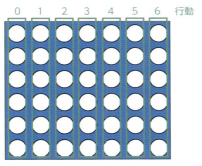

図 8-1-3 「コネクトフォー」の行動

game.py（全更新）

「game.py」では、「コネクトフォー」のゲーム状態を作成します。

ゲーム状態

ゲーム状態「State」を定義します。State のメソッドは、次のとおりです。

表 8-1-2 State のメソッド

メソッド	説明
__init__(pieces=None, enemy_pieces=None)	ゲーム状態の初期化
piece_count(pieces)	石の数の取得
is_lose()	負けかどうか
is_draw()	引き分けかどうか
is_done()	ゲーム終了かどうか
next(action)	次の状態の取得
legal_actions()	合法手のリストの取得
is_first_player()	先手かどうか
__str__()	文字列の表示

以下のソースコードの省略部分は、後ほどメソッドごとに説明します。

```
# パッケージのインポート
import random
import math

# ゲーム状態
class State:
    （省略）
```

■ ゲーム状態の初期化

State のコンストラクタは、ゲーム状態の初期化を行います。「自分の石の配置」「相手の石の配置」を、長さ「42」（7列×6行）の1次元配列「pieces」「enemy_pieces」で保持します。「コネクトフォー」の石の初期配置は、空になります。

```python
# ゲームの状態の初期化
def __init__(self, pieces=None, enemy_pieces=None):
    # 石の配置
    self.pieces = pieces if pieces != None else [0] * 42
    self.enemy_pieces = enemy_pieces if enemy_pieces != None else [0] * 42
```

■ 石の数の取得

piece_count() は、石の数を取得します。引き分けかどうかの判定に使います。

```python
# 石の数の取得
def piece_count(self, pieces):
    count = 0
    for i in pieces:
        if i == 1:
            count +=  1
    return count
```

■ 負けかどうか

is_lose() は、負けかどうかを判定します。

```python
# 負けかどうか
def is_lose(self):
    # 4並びかどうか
    def is_comp(x, y, dx, dy):
        for k in range(4):
            if y < 0 or 5 < y or x < 0 or 6 < x or \
                self.enemy_pieces[x+y*7] == 0:
                return False
            x, y = x+dx, y+dy
        return True

    # 負けかどうか
    for j in range(6):
        for i in range(7):
            if is_comp(i, j, 1, 0) or is_comp(i, j, 0, 1) or \
                is_comp(i, j, 1, -1) or is_comp(i, j, 1, 1):
                return True
    return False
```

■ 引き分けかどうか

is_draw() は、引き分けかどうかを判定します。

```python
# 引き分けかどうか
def is_draw(self):
```

```
    return self.piece_count(self.pieces) + self.piece_count(self.enemy_pieces) == 42
```

ゲーム終了かどうか

is_done() は、ゲーム終了かどうかを判定します。

```
# ゲーム終了かどうか
def is_done(self):
    return self.is_lose() or self.is_draw()
```

次の状態の取得

next(action) は、行動に応じた次の状態を取得します。石の配置「pieces」をコピー後、指定した列で空いているマスの中で一番下（Y座標が一番大きい）の場所に石を配置します。

```
# 次の状態の取得
def next(self, action):
    pieces = self.pieces.copy()
    for j in range(5,-1,-1):
        if self.pieces[action+j*7] == 0 and self.enemy_pieces[action+j*7] == 0:
            pieces[action+j*7] = 1
            break
    return State(self.enemy_pieces, pieces)
```

合法手のリストの取得

legal_actions() は、合法手のリストを取得します。「コネクトフォー」の合法手は、一番上の行（pieces と enem_pieces の 0 ～ 6）で石が埋まっていないマスになります。

```
# 合法手のリストの取得
def legal_actions(self):
    actions = []
    for i in range(7):
        if self.pieces[i] == 0 and self.enemy_pieces[i] == 0:
            actions.append(i)
    return actions
```

先手かどうか

is_first_player() は、先手かどうかを取得します。

```
# 先手かどうか
def is_first_player(self):
    return self.piece_count(self.pieces) == self.piece_count(self.enemy_pieces)
```

283

文字列表示

「__str__()」は、ゲーム状態の文字列表示を行います。

```python
# 文字列表示
def __str__(self):
    ox = ('o', 'x') if self.is_first_player() else ('x', 'o')
    str = ''
    for i in range(42):
        if self.pieces[i] == 1:
            str += ox[0]
        elif self.enemy_pieces[i] == 1:
            str += ox[1]
        else:
            str += '-'
        if i % 7 == 6:
            str += '\n'
    return str
```

動作確認の定義

動作確認用に「ランダム vs ランダム」で対戦するコードを追加します。

```python
# ランダムで行動選択
def random_action(state):
    legal_actions = state.legal_actions()
    return legal_actions[random.randint(0, len(legal_actions)-1)]

# 動作確認
if __name__ == '__main__':
    # 状態の生成
    state = State()

    # ゲーム終了までのループ
    while True:
        # ゲーム終了時
        if state.is_done():
            break

        # 次の状態の取得
        state = state.next(random_action(state))

        # 文字列表示
        print(state)
        print()
```

game.py の動作確認

「game.py」を「Google Colab」のインスタンスにアップロードして、動作確認を行います。

```
# game.pyのアップロード
from google.colab import files
uploaded = files.upload()

# フォルダの確認
!dir
```
```
game.py  sample_data
```

```
# game.pyの動作確認
!python game.py
```

```
-------      -------      -------      -x--o-x      -o--x-o      -xoxoxo
-------      -------      -x--o--      -o--x-o      -xoxoxo      -------
-------      -x-----      -o--x--      -x--oxo      -------      -------
-------      -o-----      -x--o-o      -------      -------      -x-----
-------      -x----o      -------      -------      -------      -o----o
------o      -------      -------      -x-----      -x-----      -x--o-x
-------      -------      -------      -o-----      -o-----      -ox-xoo
-------      -------      -------      -x--o-x      -o--x-o      -xoxoxo
-------      -------      -x--o--      -o--x-o      -xoxoxo      -------
-------      -x-----      -o--x--      -xo-oxo      -------      -------
-------      -o-----      -x--oxo      -------      -------      -x-----
-------      -x--o-o      -------      -------      -x-----      -o----o
-x----o      -------      -------      -x-----      -o-----      -x--oxx
-------      -------      -------      -o-----      -x--o-x      -ox-xoo
-------      -------      -------      -x--o-x      -o--xoo      -xoxoxo
-------      -------      -x--o--      -o--x-o      -xoxoxo      -------
-------      -x-----      -o--x-o      -xoxoxo      -------      -x-oxox
-------      -o--x--      -x--oxo      -------      -------      oxxxxoo
-o-----      -x--o-o      -------      -------      -------      ooooxoo
-x----o      -------      -------      -x-----      -x-----      oxxxoxx
-------      -------      -------      -o-----      -o-----      xoxoxoo
-------      -------      -------      -o-----      -x--o-x      oxoxoxo
-------      -------      -------      -x--o-x      -ox-xoo
```

dual_network.py（パラメータのみ更新）

「dual_network.py」では、デュアルネットワークのパラメータを変更します。入力シェイプは「(7, 6, 2)」、行動数は「7」としてください。

```
DN_INPUT_SHAPE = (7, 6, 2)  # 入力シェイプ
DN_OUTPUT_SIZE = 7  # 行動数（配置先(7)）
```

 train_cycle.py（コードの一部削除）

「train_cycle.py」では、「ベストプレイヤーの評価」のみ削除します。

```
# ネットワークの評価
update_best_player = evaluate_network()

# ベストプレイヤーの評価
if update_best_player:
    evaluate_best_player()
```

```
# ネットワークの評価
evaluate_network()
```

 human_play.py（全更新）

「human_play.py」では、コネクトフォーの UI を作成します。

パッケージのインポート

前章「7-3 人間と AI の対戦」と同様です。

```
# パッケージのインポート
from game import State
from pv_mcts import pv_mcts_action
from tensorflow.keras.models import load_model
from pathlib import Path
from threading import Thread
import tkinter as tk
```

ベストプレイヤーのモデルの読み込み

前章「7-3 人間と AI の対戦」と同様です。

```
# ベストプレイヤーのモデルの読み込み
model = load_model('./model/best.h5')
```

ゲーム UI の定義と実行

ゲーム UI「GameUI」を定義して実行します。GameUI のメソッドは、次のとおりです。

表 8-1-3 GameUI のメソッド

メソッド	説明
__init__(master=None, model=None)	ゲームUIの初期化
turn_of_human(event)	人間のターン
turn_of_ai()	AIのターン
draw_piece(index, first_player)	石の描画
on_draw()	描画の更新

以下のソースコードの省略部分は、後ほどメソッドごとに説明します。

```python
# ゲームUIの定義
class GameUI(tk.Frame):
    （省略）


# ゲームUIの実行
f = GameUI(model=model)
f.pack()
f.mainloop()
```

ゲーム UI の初期化

「__init__()」は、ゲーム UI の初期化を行います。

ここでは、「ゲーム状態」と「PV MCTS で行動選択を行う関数」と「キャンバス」を準備しています。最後に描画の更新を行い、初期の画面を表示します。

```python
# 初期化
def __init__(self, master=None, model=None):
    tk.Frame.__init__(self, master)
    self.master.title('コネクトフォー')

    # ゲーム状態の生成
    self.state = State()

    # PV MCTSで行動選択を行う関数の生成
    self.next_action = pv_mcts_action(model, 0.0)

    # キャンバスの生成
    self.c = tk.Canvas(self, width = 280, height = 240, highlightthickness = 0)
    self.c.bind('<Button-1>', self.turn_of_human)
    self.c.pack()

    # 描画の更新
    self.on_draw()
```

人間のターンの処理

turn_of_human() は、人間のターンの処理を行います。

(01) ゲーム終了時

ゲーム終了時は、ゲーム状態を初期状態に戻します。

(02) 先手でない時

先手でない時は、操作不可とします。

(03) クリック位置を行動に変換

クリック位置から、行動に変換します。

(04) 合法手でない時

クリック位置から変換した行動が合法手でない場合は、無処理とします。

(05) 次の状態を取得

合法手の場合は、次の状態を取得して描画の更新を行います。

(06) AIのターン

AIのターンへの遷移を行います。

```python
# 人間のターン
def turn_of_human(self, event):
    # ゲーム終了時
    if self.state.is_done():
        self.state = State()
        self.on_draw()
        return

    # 先手でない時
    if not self.state.is_first_player():
        return

    # クリック位置を行動に変換
    x = int(event.x/40)
    if x < 0 or 6 < x: # 範囲外
        return
    action = x

    # 合法手でない時
    if not (action in self.state.legal_actions()):
        return

    # 次の状態の取得
    self.state = self.state.next(action)
    self.on_draw()

    # AIのターン
    self.master.after(1, self.turn_of_ai)
```

AI のターンの処理

turn_of_ai() は、AI のターンの処理を行います。

(01) ゲーム終了時

ゲーム終了時は、無処理です。

(02) 行動の取得

デュアルネットワークで行動を取得します。

(03) 次の状態の取得

取得した行動に応じて次の状態を取得し、描画の更新を行います。

```python
# AIのターン
def turn_of_ai(self):
    # ゲーム終了時
    if self.state.is_done():
        return

    # 行動の取得
    action = self.next_action(self.state)

    # 次の状態の取得
    self.state = self.state.next(action)
    self.on_draw()
```

石の描画

draw_piece() は、石の描画を行います。

引数の「index」はマス番号、「first_player」は先手かどうかです。先手は赤マル、後手は黄マルを描画します。

```python
# 石の描画
def draw_piece(self, index, first_player):
    x = (index%7)*40+5
    y = int(index/7)*40+5
    if first_player:
        self.c.create_oval(x, y, x+30, y+30, width = 1.0, fill = '#FF0000')
    else:
        self.c.create_oval(x, y, x+30, y+30, width = 1.0, fill = '#FFFF00')
```

描画の更新

on_draw() は、描画の更新を行います。すべてのマス目と石を描画します。

```python
# 描画の更新
def on_draw(self):
    self.c.delete('all')
    self.c.create_rectangle(0, 0, 280, 240, width = 0.0, fill = '#00A0FF')
    for i in range(42):
        x = (i%7)*40+5
```

```
            y = int(i/7)*40+5
            self.c.create_oval(x, y, x+30, y+30, width = 1.0, fill = '#FFFFFF')

    for i in range(42):
        if self.state.pieces[i] == 1:
            self.draw_piece(i, self.state.is_first_player())
        if self.state.enemy_pieces[i] == 1:
            self.draw_piece(i, not self.state.is_first_player())
```

学習サイクルの実行

サンプルのソースコード一式（冒頭の表8-1-1も参照）を「Google Colab」のインスタンスにアップロードして実行します。具体的な実行方法は、6章「6-8 学習サイクルの実行」を参照してください。

- game.py
- dual_network.py
- pv_mcts.py
- self_play.py
- train_network.py
- evaluate_network.py
- train_cycle.py

```
# サンプルのソースコード一式のアップロード
from google.colab import files
uploaded = files.upload()

# 学習サイクルの実行
!python train_cycle.py
```

学習完了までに、GPUでまる1日かかります。30サイクル分の学習で、そこそこ強い人間程度まで学習できます。

学習が完了したら、「best.h5」をダウンロードします。

```
# best.h5のダウンロード
from google.colab import files
files.download('./model/best.h5')
```

人間とAIの対戦の実行

人間とAIの対戦は、ローカルPCで実行します。「human_play.py」と同じフォルダに、「best.h5」を含むmodelフォルダを配置します。

その後、以下のコマンドを実行すると、「コネクトフォー」が始まります。

```
$ python human_play.py
```

8-2 リバーシ

この節では、定番のボードゲームとして有名な「リバーシ」を作成していきます。コンピュータゲームとしても発売されているので、やったことがある人も多いでしょう。三目並べと同様に「Google Colab」で学習を行い、「ローカル PC」でゲーム UI を実行します。

リバーシの概要

2 人対戦のボードゲーム「リバーシ」を実装します。交互に「6×6」の盤面へ石を打ち、相手の石を挟むと自分の石の色に変わります。最終的に石の多いほうが勝ちとなります。合法手がない場合は自動的にパスになり、連続パスでゲーム終了となります。

「リバーシの UI」の石の配置は、クリックで行います。また、簡易化のため人間は先手のみとしています。

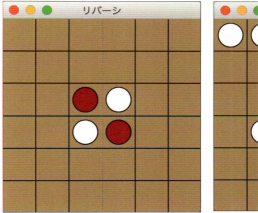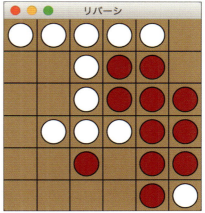

図 8-2-1 「リバーシ」のゲーム画面

サンプルのソースコード一覧は、次のとおりです。

6 章の「三目並べ」のコードとの差分は、ゲーム状態（game.py）とゲーム UI（human_play.py）はゲーム自体が異なるので全更新、デュアルネットワーク（dual_network.py）はパラメータのみ更新、学習サイクルの実行（train_cycle.py）はベストプレイヤーの評価のみ削除、となります。

以降では、ソースコードの変更部分のみを解説します。ほかのソースコードの解説は、6 章、7 章を参照してください。

表 8-2-1 「リバーシ」のソースコード一覧

ソースコード	説明	6章、7章との差分
game.py	ゲーム状態	全更新
dual_network.py	デュアルネットワーク	パラメータのみ
pv_mcts.py	モンテカルロ木探索	なし
self_play.py	セルフプレイ部	なし
train_network.py	パラメータ更新部	なし
evaluate_network.py	新パラメータ評価部	なし
train_cycle.py	学習サイクルの実行	ベストプレイヤーの評価の削除
human_play.py	ゲームUI	全更新

リバーシのデュアルネットワークの入力

リバーシのデュアルネットワークの入力は、「ゲームの盤面」です。

今回は「ゲームの盤面」を、「自分の石の配置」と「相手の石の配置」の2つの2次元配列で入力します。具体的には、6×6の2次元配列が2つで、入力シェイプは「(6, 6, 2)」となり、石が置かれている時は「1」、そうでない時は「0」としています。

- 自分の石の配置（6×6の2次元配列）
- 相手の石の配置（6×6の2次元配列）

図 8-2-2 「リバーシ」のデュアルネットワークの入力

リバーシの行動

リバーシの行動は、石を配置するマスの位置（0〜35）とパス（36）です。合法手がない場合は自動的にパスになり、連続パスでゲーム終了となります。行動数は、「37」（マス数（36）＋パス（1））になります。

0	1	2	3	4	5
6	7	8	9	10	11
12	13	14	15	16	17
18	19	20	21	22	23
24	25	26	27	28	29
30	31	32	33	34	35

パス：36

図 8-2-3 「リバーシ」の行動

game.py（全更新）

「game.py」では、「リバーシ」のゲーム状態を作成します。

ゲーム状態

ゲーム状態「State」を定義します。State のメソッドは、次のとおりです。

表 8-2-2 State のメソッド

メソッド	説明
__init__(pieces=None, enemy_pieces=None, depth=0)	ゲーム状態の初期化
piece_count(pieces)	石の数の取得
is_lose()	負けかどうか
is_draw()	引き分けかどうか
is_done()	ゲーム終了かどうか
next(action)	次の状態の取得
legal_actions()	合法手のリストの取得
is_legal_action_xy()	任意の位置が合法手かどうか
is_first_player()	先手かどうか
__str__()	文字列の表示

以下のソースコードの省略部分は、後ほどメソッドごとに説明します。

```
# パッケージのインポート
import random
import math

# ゲーム状態
class State:
    （省略）
```

ゲーム状態の初期化

State のコンストラクタは、ゲーム状態の初期化を行います。「自分の石の配置」「相手の石の配置」を、長さ「36」(6 列× 6 行) の 1 次元配列「pieces」「enemy_pieces」で保持します。

前節の「コネクトフォー」の石の初期配置は空でしたが、「リバーシ」の石の初期配置は、冒頭の図 8-2-1 の左のとおりで、中央に交差するように 2 枚ずつ石を置きます。

さらに、現在が何ターン目かを示す「depth」と、連続パスによる終了を示すフラグ「pass_end」、8 方向を示す方向定数「dxy」を用意します。

「三目並べ」や「コネクトフォー」では、現在が何ターン目かは、配置した石の数で計算できましたが、「リバーシ」にはパスがあるため、計算できません。そこで「depth」を保持して、先手のターンかどうかの判定に利用しています。

「pass_end」は、連続パスが発生した時に True を指定し、ゲーム終了を促します。「dxy」は自分の石から 8 方向に対して、相手の石を挟めたかどうかを計算する際に利用する方向定数になります。

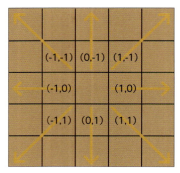

図 8-2-4 「リバーシ」の方向定数

```
# 初期化
def __init__(self, pieces=None, enemy_pieces=None, depth=0):
    # 方向定数
    self.dxy = ((1, 0), (1, 1), (0, 1), (-1, 1), (-1, 0), (-1, -1), (0, -1), (1, -1))

    # 連続パスによる終了
    self.pass_end = False

    # 石の配置
    self.pieces = pieces
    self.enemy_pieces = enemy_pieces
    self.depth = depth

    # 石の初期配置
    if pieces == None or enemy_pieces == None:
        self.pieces = [0] * 36
        self.pieces[14] = self.pieces[21] = 1
        self.enemy_pieces = [0] * 36
        self.enemy_pieces[15] = self.enemy_pieces[20] = 1
```

石の数の取得

piece_count() は、石の数を取得します。引き分けかどうかの判定に使います。

```python
# 石の数の取得
def piece_count(self, pieces):
    count = 0
    for i in pieces:
        if i == 1:
            count +=  1
    return count
```

負けかどうか

is_lose() は、負けかどうかを判定します。

```python
# 負けかどうか
def is_lose(self):
    return self.is_done() and self.piece_count(self.pieces) < self.piece_count(self.
enemy_pieces)
```

引き分けかどうか

is_draw() は、引き分けかどうかを判定します。

```python
# 引き分けかどうか
def is_draw(self):
    return self.is_done() and self.piece_count(self.pieces) == self.piece_
count(self.enemy_pieces)
```

ゲーム終了かどうか

is_done() は、ゲーム終了かどうかを判定します。

```python
# ゲーム終了かどうか
def is_done(self):
    return self.piece_count(self.pieces) + self.piece_count(self.enemy_pieces) ==
36 or self.pass_end
```

次の状態の取得

next(action) は、行動に応じた次の状態を取得します。

depth を 1 加算した状態をコピー後、is_legal_action_xy() で挟んだ石を裏返し、pieces と enemy_pieces を入れ替えます。

2 回連続で合法手がパス（36）の場合は、pass_end に True を指定して、ゲーム終了とします。行動数に関しては、次の「dual_network.py（パラメータのみ更新）」で解説します。

295

```python
# 次の状態の取得
def next(self, action):
    state = State(self.pieces.copy(), self.enemy_pieces.copy(), self.depth+1)
    if action != 36:
        state.is_legal_action_xy(action%6, int(action/6), True)
    w = state.pieces
    state.pieces = state.enemy_pieces
    state.enemy_pieces = w

    # 2回連続パス判定
    if action == 36 and state.legal_actions() == [36]:
        state.pass_end = True
    return state
```

合法手のリストの取得

legal_actions() は、合法手のリストを取得します。

「リバーシ」の合法手は、石が置かれていない場所で、8方向のいずれかで相手の石を挟める場所になります。合法手がない場合は、パス（36）のみを返します。

```python
# 合法手のリストの取得
def legal_actions(self):
    actions = []
    for j in range(0,6):
        for i in range(0,6):
            if self.is_legal_action_xy(i, j):
                actions.append(i+j*6)
    if len(actions) == 0:
        actions.append(36) # パス
    return actions
```

任意のマスが合法手かどうか取得

is_legal_action_xy() は、任意の1方向で相手の石を挟めるかどうかを計算する関数を作ります。8方向のいずれかで、相手の石を挟めるかどうかを計算するために使います。

引数の「x」と「y」はマスのXY座標、「flip」は挟んだ石を裏返すかどうかになります。

```python
# 任意のマスが合法手かどうか
def is_legal_action_xy(self, x, y, flip=False):
    # 任意のマスの任意の方向が合法手かどうか
    def is_legal_action_xy_dxy(x, y, dx, dy):
        # 1つ目 相手の石
        x, y = x+dx, y+dy
        if y < 0 or 5 < y or x < 0 or 5 < x or \
            self.enemy_pieces[x+y*6] != 1:
            return False

        # 2つ目以降
        for j in range(6):
            # 空
```

```python
        if y < 0 or 5 < y or x < 0 or 5 < x or \
            (self.enemy_pieces[x+y*6] == 0 and self.pieces[x+y*6] == 0):
            return False

        # 自分の石
        if self.pieces[x+y*6] == 1:
            # 反転
            if flip:
                for i in range(6):
                    x, y = x-dx, y-dy
                    if self.pieces[x+y*6] == 1:
                        return True
                    self.pieces[x+y*6] = 1
                    self.enemy_pieces[x+y*6] = 0
            return True
        # 相手の石
        x, y = x+dx, y+dy
    return False

    # 空きなし
    if self.enemy_pieces[x+y*6] == 1 or self.pieces[x+y*6] == 1:
        return False

    # 石を置く
    if flip:
        self.pieces[x+y*6] = 1

    # 任意の位置が合法手かどうか
    flag = False
    for dx, dy in self.dxy:
        if is_legal_action_xy_dxy(x, y, dx, dy):
            flag = True
    return flag
```

先手かどうか

is_first_player() は、先手かどうかを取得します。

```python
# 先手かどうか
def is_first_player(self):
    return self.depth%2 == 0
```

文字列表示

「__str__()」は、ゲーム状態の文字列表示を行います。

```python
# 文字列表示
def __str__(self):
    ox = ('o', 'x') if self.is_first_player() else ('x', 'o')
    str = ''
```

```python
        for i in range(36):
            if self.pieces[i] == 1:
                str += ox[0]
            elif self.enemy_pieces[i] == 1:
                str += ox[1]
            else:
                str += '-'
            if i % 6 == 5:
                str += '\n'
        return str
```

▶ 動作確認の定義

動作確認用に「ランダム vs ランダム」で対戦するコードを追加します。

```python
# ランダムで行動選択
def random_action(state):
    legal_actions = state.legal_actions()
    return legal_actions[random.randint(0, len(legal_actions)-1)]


# 動作確認
if __name__ == '__main__':
    # 状態の生成
    state = State()

    # ゲーム終了までのループ
    while True:
        # ゲーム終了時
        if state.is_done():
            break

        # 次の状態の取得
        state = state.next(random_action(state))

        # 文字列表示
        print(state)
        print()
```

▶ game.py の動作確認

「game.py」を「Google Colab」のインスタンスにアップロードして、動作確認を行います。

```python
# game.pyのアップロード
from google.colab import files
uploaded = files.upload()

# フォルダの確認
!dir
```
```
game.py sample_data
```

```
# game.pyの動作確認
!python game.py
```

```
------      ------      -----o      ---o--      x----o
---o--      ------      --xxo-      ----o-      -xooo-
--oo--      ------      --ox--                  -oxx--
--xo--      ------      -oox--                  xxox--
------      ------      ---x--      -----o      ---o--
------      --xxx-      ------      -oooo-      ----o-
            --oo--                  --ox--
            -ooo--                  xxxx--

------      ------      -----o      ---o--      x----o
--xo--      ------      --xxo-      ----o-      -xooo-
--xo--                  --ox--                  xxxx--
--xo--                  -oox--                  xxox--
------      -----o      ---o--      x----o      ---o--
------      --xxo-      ----o-      -xooo-      ----o-
            --oo--                  --xx--      xooo
            -ooo--                              oxxoox
                                    xxxx--      xxxoox
------      ------      -----o      ---o--      xxxxox
--xo--      ------      --xxo-      ----o-      xxxxxx
--oo--                  --ox--                  xxxxxx
-ooo--                  xxxx--
```

dual_network.py（パラメータのみ更新）

「dual_network.py」では、デュアルネットワークのパラメータを変更します。入力シェイプは「(6, 6, 2)」、行動数は「37」としてください。

```
DN_INPUT_SHAPE = (6, 6, 2) # 入力シェイプ
DN_OUTPUT_SIZE = 37 # 行動数(配置先(6*6)+パス(1))
```

train_cycle.py（コードの一部削除）

「train_cycle.py」では、ベストプレイヤーの評価のみ削除します。

```
# ネットワークの評価
update_best_player = evaluate_network()

# ベストプレイヤーの評価
if update_best_player:
    evaluate_best_player()
```

```
# ネットワークの評価
evaluate_network()
```

human_play.py（全更新）

「human_play.py」では、リバーシの UI を作成します。

パッケージのインポート

前章「7-3 人間と AI の対戦」と同様です。

```
# パッケージのインポート
from game import State
from pv_mcts import pv_mcts_action
from tensorflow.keras.models import load_model
from pathlib import Path
from threading import Thread
import tkinter as tk
```

ベストプレイヤーのモデルの読み込み

前章「7-3 人間と AI の対戦」と同様です。

```
# ベストプレイヤーのモデルの読み込み
model = load_model('./model/best.h5')
```

ゲーム UI の定義と実行

ゲーム UI「GameUI」を定義して実行します。GameUI のメソッドは、次のとおりです。

表 8-2-3 GameUI のメソッド

メソッド	説明
__init__(master=None, model=None)	ゲームUIの初期化
turn_of_human(event)	人間のターン
turn_of_ai()	AIのターン
draw_piece(index, first_player)	石の描画
on_draw()	描画の更新

以下のソースコードの省略部分は、後ほどメソッドごとに説明します。

```
# ゲームUIの定義
class GameUI(tk.Frame):
    （省略）


# ゲームUIの実行
f = GameUI(model=model)
f.pack()
f.mainloop()
```

ゲーム UI の初期化

「__init__()」は、ゲーム UI の初期化を行います。

ここでは、「ゲーム状態」と「PV MCTS で行動選択を行う関数」と「キャンバス」を準備しています。最後に描画の更新を行い、初期の画面を表示をします。

```python
# 初期化
def __init__(self, master=None, model=None):
    tk.Frame.__init__(self, master)
    self.master.title('リバーシ')

    # ゲーム状態の生成
    self.state = State()

    # PV MCTSで行動選択を行う関数の生成
    self.next_action = pv_mcts_action(model, 0.0)

    # キャンバスの生成
    self.c = tk.Canvas(self, width = 240, height = 240, highlightthickness = 0)
    self.c.bind('<Button-1>', self.turn_of_human)
    self.c.pack()

    # 描画の更新
    self.on_draw()
```

人間のターンの処理

turn_of_human() は、人間のターンの処理を行います。

01 ゲーム終了時

ゲーム終了時は、ゲーム状態を初期状態に戻します。

02 先手でない時

先手でない時は、操作不可とします。

03 クリック位置を行動に変換

クリック位置から、行動（マス番号）に変換します。合法手がパスのみの場合は、パス（36）を指定します。

04 合法手でない時

クリック位置かう変換した行動が合法手でない場合は、無処理とします。

05 次の状態を取得

合法手の場合は、次の状態を取得して描画の更新を行います。

(06) AI のターン

AI のターンへの遷移を行います。

```python
# 人間のターン
def turn_of_human(self, event):
    # ゲーム終了時
    if self.state.is_done():
        self.state = State()
        self.on_draw()
        return

    # 先手でない時
    if not self.state.is_first_player():
        return

    # クリック位置を行動に変換
    x = int(event.x/40)
    y = int(event.y/40)
    if x < 0 or 5 < x or y < 0 or 5 < y: # 範囲外
        return
    action = x + y * 6

    # 合法手でない時
    legal_actions = self.state.legal_actions()
    if legal_actions == [36]:
        action = 36 # パス
    if action != 36 and not (action in legal_actions):
        return

    # 次の状態の取得
    self.state = self.state.next(action)
    self.on_draw()

    # AIのターン
    self.master.after(1, self.turn_of_ai)
```

■ AI のターン

turn_of_ai() は、AI のターンの処理を行います。

(01) ゲーム終了時

ゲーム終了時は、無処理です。

(02) 行動の取得

デュアルネットワークで行動を取得します。

302

(03) 次の状態の取得

取得した行動に応じて次の状態を取得し、描画の更新を行います。

```python
# AIのターン
def turn_of_ai(self):
    # ゲーム終了時
    if self.state.is_done():
        return

    # 行動の取得
    action = self.next_action(self.state)

    # 次の状態の取得
    self.state = self.state.next(action)
    self.on_draw()
```

石の描画

draw_piece() は、石の描画を行います。

引数の「index」はマス番号、「first_player」は先手かどうかです。先手は赤マル、後手は白マルを描画します。

```python
# 石の描画
def draw_piece(self, index, first_player):
    x = (index%6)*40+5
    y = int(index/6)*40+5
    if first_player:
        self.c.create_oval(x, y, x+30, y+30, width = 1.0, outline = '#000000', fill = '#C2272D')
    else:
        self.c.create_oval(x, y, x+30, y+30, width = 1.0, outline = '#000000', fill = '#FFFFFF')
```

描画の更新

on_draw() は、描画の更新を行います。すべてのマス目と石を描画します。

```python
# 描画の更新
def on_draw(self):
    self.c.delete('all')
    self.c.create_rectangle(0, 0, 240, 240, width = 0.0, fill = '#C69C6C')
    for i in range(1, 8):
        self.c.create_line(0, i*40, 240, i*40, width = 1.0, fill = '#000000')
        self.c.create_line(i*40, 0, i*40, 240, width = 1.0, fill = '#000000')
    for i in range(36):
        if self.state.pieces[i] == 1:
            self.draw_piece(i, self.state.is_first_player())
        if self.state.enemy_pieces[i] == 1:
            self.draw_piece(i, not self.state.is_first_player())
```

303

学習サイクルの実行

サンプルのソースコード一式（冒頭の表8-2-1も参照）を「Google Colab」のインスタンスにアップロードして実行します。具体的な実行方法は、6章「6-8 学習サイクルの実行」を参照してください。

- game.py
- dual_network.py
- pv_mcts.py
- self_play.py
- train_network.py
- evaluate_network.py
- train_cycle.py

```
# サンプルのソースコード一式のアップロード
from google.colab import files
uploaded = files.upload()

# 学習サイクルの実行
!python train_cycle.py
```

学習完了までに、GPUでまる1日かかります。30サイクル分の学習で、そこそこ強い人間程度まで学習できます。

学習が完了したら、「best.h5」をダウンロードします。

```
# best.h5のダウンロード
from google.colab import files
files.download('./model/best.h5')
```

人間とAIの対戦の実行

人間とAIの対戦は、ローカルPCで実行します。「human_play.py」と同じフォルダに、「best.h5」を含むmodelフォルダを配置します。

その後、以下のコマンドを実行すると、「リバーシ」が始まります。

```
$ python human_play.py
```

8-3 簡易将棋

　この節では、より複雑なゲームの例として「簡易将棋」を作ります。相手の駒を取って打ち込むといった、これまでのサンプルにない要素も含まれています。三目並べと同様に「Google Colab」で学習を行い、「ローカルPC」でゲームUIを実行します。

簡易将棋の概要

　2人用のボードゲーム「簡易将棋」を実装します。「簡易将棋」は、駒の動きを簡略化した将棋で、「ライオン」「ゾウ」「キリン」「ヒヨコ」の4種類の駒を使います。盤面も「3×4」の小さな盤面になります。

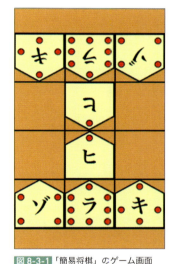
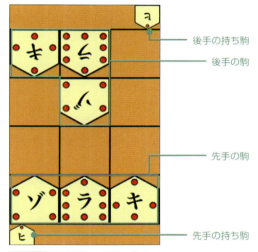

図 8-3-1 「簡易将棋」のゲーム画面　　図 8-3-2 「簡易将棋」の画面の構成

　将棋と同様に、プレイヤーは交互に盤上の自分の駒の1つを移動させるか、自分の持ち駒を空いているマスに配置します。駒の移動可能な方向は、駒に丸が描いてある方向になります。
　駒を進めたマスに相手の駒がいたら、その駒を取って持ち駒にすることができます。そして、相手のライオンを取ったら勝ちとなります。300手で勝負がつかない場合は、引き分けとします。

> **COLUMN**
>
> **引き分け条件**
> 　AlphaZeroの論文では、引き分け条件は、チェスと将棋は512手、囲碁は722手となっています。

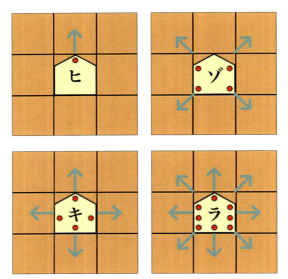

図 8-3-3 「簡易将棋」の駒の移動可能な方向

「簡易将棋の UI」は、クリックで移動する駒を選択し、2 回目のクリックで移動先を選択します。また、簡易化のため人間は先手のみとしています。

サンプルの「簡易将棋」がもとにした「どうぶつしょうぎ」には、自分の「ライオン」を相手陣の 1 段目に移動させたら勝ち（移動した次の手でライオンが取られる場合は除く）、「ヒヨコ」を相手陣の 1 段目に移動させたら「にわとり」に成るというルールもありますが、これらは省略しています。

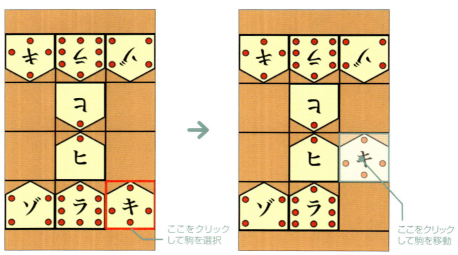

図 8-3-4 「簡易将棋」の駒の選択と移動の方法

サンプルのソースコード一覧は、次のとおりです。
6 章の「三目並べ」のコードとの差分は、ゲーム状態（game.py）とゲーム UI（human_

play.py）はゲーム自体が異なるので全更新、デュアルネットワーク（dual_network.py）はパラメータのみ更新、学習サイクルの実行（train_cycle.py）はベストプレイヤーの評価のみ削除、となります。

さらに、デュアルネットワークの入力の型も変わるので、モンテカルロ木探索（pv_mcts.py）とセルフプレイ部（self_play.py）も変更します。

表 8-3-1 「簡易将棋」のソースコード一覧

ソースコード	説明	6章、7章との差分
game.py	ゲーム状態	全更新
dual_network.py	デュアルネットワーク	パラメータのみ
pv_mcts.py	モンテカルロ木探索	デュアルネットワークの入力の変更
self_play.py	セルフプレイ部	デュアルネットワークの入力の変更
train_network.py	パラメータ更新部	なし
evaluate_network.py	新パラメータ評価部	なし
train_cycle.py	学習サイクルの実行	ベストプレイヤーの評価の削除
human_play.py	ゲームUI	全更新

駒の画像として、80×80ピクセルの「piece1.png」「piece2.png」「piece3.png」「piece4.png」もソースコードと同じ場所に用意します。

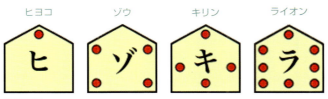

図 8-3-5 駒の画像データ

簡易将棋のデュアルネットワークの入力

簡易将棋のデュアルネットワークの入力は、「ゲームの盤面」と「持ち駒の有無」です。

今回は、以下の3×4の2次元配列が14個で、入力シェイプは「(3, 4, 14)」となります。「ゲームの盤面」は、駒が置かれている時は「1」、そうでない時は「0」としています。相手の盤面は、180度回転させて保持します。

「持ち駒の有無」は、「有」の時は配列全要素を「1」、「無」の時は配列全要素を「0」としています。

- 自分のヒヨコの配置（3×4の2次元配列）
- 自分のゾウの配置（3×4の2次元配列）
- 自分のキリンの配置（3×4の2次元配列）
- 自分のライオンの配置（3×4の2次元配列）
- 自分のヒヨコの持ち駒の有無（3×4の2次元配列）
- 自分のゾウの持ち駒の有無（3×4の2次元配列）
- 自分のキリンの持ち駒の有無（3×4の2次元配列）
- 相手のヒヨコの配置（3×4の2次元配列）
- 相手のゾウの配置（3×4の2次元配列）
- 相手のキリンの配置（3×4の2次元配列）
- 相手のライオンの配置（3×4の2次元配列）
- 相手のヒヨコの持ち駒の有無（3×4の2次元配列）
- 相手のゾウの持ち駒の有無（3×4の2次元配列）
- 相手のキリンの持ち駒の有無（3×4の2次元配列）

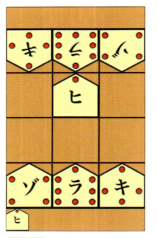

図 8-3-6 「簡易将棋」のデュアルネットワークの入力

	自分の ヒヨコの配置	自分の ゾウの配置	自分の キリンの配置	自分の ライオンの配置
	[[0, 0, 0], [0, 1, 0], [0, 0, 0], [0, 0, 0]]	[[0, 0, 0], [0, 0, 0], [0, 0, 0], [1, 0, 0]]	[[0, 0, 0], [0, 0, 0], [0, 0, 0], [0, 0, 1]]	[[0, 0, 0], [0, 0, 0], [0, 0, 0], [0, 1, 0]]

	自分の ヒヨコの配置	自分の ゾウの配置	自分の キリンの配置
	[[1, 1, 1], [1, 1, 1], [1, 1, 1], [1, 1, 1]]	[[0, 0, 0], [0, 0, 0], [0, 0, 0], [0, 0, 0]]	[[0, 0, 0], [0, 0, 0], [0, 0, 0], [0, 0, 0]]

	相手の ヒヨコの配置	相手の ゾウの配置	相手の キリンの配置	相手の ライオンの配置
	[[0, 0, 0], [0, 0, 0], [0, 0, 0], [0, 0, 0]]	[[0, 0, 0], [0, 0, 0], [0, 0, 0], [1, 0, 0]]	[[0, 0, 0], [0, 0, 0], [0, 0, 0], [0, 0, 1]]	[[0, 0, 0], [0, 0, 0], [0, 0, 0], [0, 1, 0]]

	相手の ヒヨコの配置	相手の ゾウの配置	相手の キリンの配置
	[[0, 0, 0], [0, 0, 0], [0, 0, 0], [0, 0, 0]]	[[0, 0, 0], [0, 0, 0], [0, 0, 0], [0, 0, 0]]	[[0, 0, 0], [0, 0, 0], [0, 0, 0], [0, 0, 0]]

※相手の盤面は180度回転

簡易将棋の行動

簡易将棋の行動は、「駒の移動先」と「駒の移動元」です。「駒の移動先」はマス位置（0～11）になります。「駒の移動元」は移動元の方向（0～7）か、移動元の持ち駒種類（8～10）になります。

- 駒の移動先（0～11：マス位置）
- 駒の移動元（0：下、1：左下、2：左、3：左上、4：上、5：右上、6：右、7：右下、8：ヒヨコの持ち駒、9：ゾウの持ち駒、10：キリンの持ち駒）

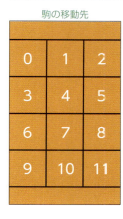
駒の移動先

駒の移動元

図 8-3-7
「簡易将棋」の駒の移動先と移動元の行動数

　この2つの情報を次の計算式で、1つの変数にまとめます。この値が「行動」になります。行動数は、「132」（駒の移動先数（12）×駒の移動元数（11））になります。

行動の計算式　　行動 ＝ 駒の移動先 ＊ 11 ＋ 駒の移動元

game.py（全更新）

「game.py」では、「簡易将棋」のゲーム状態を作成します。

ゲーム状態

ゲーム状態「State」を定義します。State のメソッドは、次のとおりです。

表 8-3-2 State のメソッド

メソッド	説明
__init__(pieces=None, enemy_pieces=None, depth=0)	ゲーム状態の初期化
is_lose()	負けかどうか
is_draw()	引き分けかどうか
is_done()	ゲーム終了かどうか
pieces_array()	デュアルネットワークの入力の2次元配列
position_to_action(position, direction)	駒の移動先と移動元を行動に変換
action_to_position(action)	行動を駒の移動先と移動元に変換
legal_actions()	合法手のリストの取得
legal_actions_pos(position_src)	駒の移動時の合法手のリストの取得
next(action)	次の状態の取得
is_first_player()	先手かどうか
__str__()	文字列の表示

以下のソースコードの省略部分は、後ほどメソッドごとに説明します。

```
# パッケージのインポート
import random
import math

# ゲームの状態
class State:
    （省略）
```

ゲーム状態の初期化

State のコンストラクタは、ゲーム状態の初期化を行います。

「自分の駒の配置」と「相手の駒の配置」を、長さ「15」（列（3）＊行（4）＋持ち駒種類数（3））の 1 次元配列「pieces」「enemy_pieces」で保持します（表 8-3-3）。「12」はヒヨコ、「13」はゾウ、「14」はキリンの持ち駒の数を示します。この 1 次元配列のインデックス「0 ～ 11」は、盤面の情報で「駒 ID」を示します（表 8-3-4）。

さらに、現在が何ターン目かを示す「depth」と、8 方向を示す方向定数「dxy」を用意します。「三目並べ」や「コネクトフォー」では、現在が何ターン目かは、配置した石の数で計算できましたが、簡易将棋ではその計算ができません。そこで「depth」で保持して、先手のターンかどうかと、300 手で引き分けにする判定に利用しています。

「dxy」は自分の石から 8 方向に対して、駒を移動できるかどうかを計算する際に利用する方向定数です。前節の「リバーシ」の方向定数と同様です（前節の図 8-2-4 を参照）。

表 8-3-3 駒の配置の配列要素

インデックス	要素	インデックス	要素
0	マス0の駒ID	8	マス8の駒ID
1	マス1の駒ID	9	マス9の駒ID
2	マス2の駒ID	10	マス10の駒ID
3	マス3の駒ID	11	マス11の駒ID
4	マス4の駒ID	12	ヒヨコの持ち駒の数
5	マス5の駒ID	13	ゾウの持ち駒の数
6	マス6の駒ID	14	キリンの持ち駒の数
7	マス7の駒ID		

図 8-3-4 駒 ID

駒ID	説明	駒ID	説明	駒ID	説明
0	なし	3	キリン	6	ゾウの持ち駒
1	ヒヨコ	4	ライオン	7	キリンの持ち駒
2	ゾウ	5	ヒヨコの持ち駒		

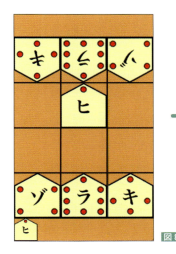

図 8-3-8 ゲームの状態の例

```
# 初期化
def __init__(self, pieces=None, enemy_pieces=None, depth=0):
    # 方向定数
    self.dxy = ((0, -1), (1, -1), (1, 0), (1, 1), (0, 1), (-1, 1), (-1, 0), (-1, -1))

    # 駒の配置
    self.pieces = pieces if pieces != None else [0] * (12+3)
    self.enemy_pieces = enemy_pieces if enemy_pieces != None else [0] * (12+3)
    self.depth = depth

    # 駒の初期配置
    if pieces == None or enemy_pieces == None:
        self.pieces = [0, 0, 0, 0, 0, 0, 0, 1, 0, 2, 4, 3, 0, 0, 0]
        self.enemy_pieces = [0, 0, 0, 0, 0, 0, 0, 1, 0, 2, 4, 3, 0, 0, 0]
```

負けかどうか

is_lose() は、負けかどうかを判定します。

```
# 負けかどうか
def is_lose(self):
    for i in range(12):
        if self.pieces[i] == 4: # ライオン存在
            return False
    return True
```

引き分けかどうか

is_draw() は、引き分けかどうかを判定します。300手で勝負がつかない場合は、引き分けとしています。

```
# 引き分けかどうか
def is_draw(self):
    return self.depth >= 300 # 300手
```

ゲーム終了かどうか

is_done() は、ゲーム終了かどうかを判定します。

```python
# ゲーム終了かどうか
def is_done(self):
    return self.is_lose() or self.is_draw()
```

デュアルネットワークの入力の 2 次元配列の取得

「駒の配置の 2 つの 1 次元配列」(「pieces」と「enemy_pieces」)を「デュアルネットワークの入力の 14 個の 2 次元配列」に変換します。

「駒の配置」については「ゲーム状態の初期化」、「デュアルネットワークの入力」については「簡易将棋のデュアルネットワークの入力」で解説しています。

```python
# デュアルネットワークの入力の2次元配列
def pieces_array(self):
    # プレイヤー毎のデュアルネットワークの入力の2次元配列の取得
    def pieces_array_of(pieces):
        table_list = []
        # 0：ヒヨコ、1：ゾウ、2：キリン、3：ライオン
        for j in range(1, 5):
            table = [0] * 12
            table_list.append(table)
            for i in range(12):
                if pieces[i] == j:
                    table[i] = 1

        # 4：ヒヨコの持ち駒、5：ゾウの持ち駒、6：キリンの持ち駒
        for j in range(1, 4):
            flag = 1 if pieces[11+j] > 0 else 0
            table = [flag] * 12
            table_list.append(table)
        return table_list

    # デュアルネットワークの入力の2次元配列の取得
    return [pieces_array_of(self.pieces), pieces_array_of(self.enemy_pieces)]
```

駒の移動先と移動元を行動に変換

「position_to_action(position, direction)」は、「駒の移動先」と「駒の移動元」を「行動」に変換します。計算式は、「簡易将棋の行動」で解説しています。

```python
# 駒の移動先と移動元を行動に変換
def position_to_action(self, position, direction):
    return position * 11 + direction
```

▶ 行動を駒の移動先と移動元に変換

「action_to_position(action)」は、「行動」を「駒の移動先」と「駒の移動元」に変換します。計算式は、次のとおりです。

駒の移動先 = 行動 / 11
駒の移動元 = 行動 % 11

```
# 行動を駒の移動先と移動元に変換
def action_to_position(self, action):
    return (int(action/11), action%11)
```

▶ 合法手のリストの取得

legal_actions() は、合法手のリストを取得します。

マスごとに「駒の移動時」と「持ち駒の配置時」の合法手を取得します。「駒の移動時」の合法手はマスに駒がある場合、legal_actions_pos() で計算します。「持ち駒の配置時」の合法手はマスに駒がない場合、持ち駒の数だけ追加します。

```
# 合法手のリストの取得
def legal_actions(self):
    actions = []
    for p in range(12):
        # 駒の移動時
        if self.pieces[p] != 0:
            actions.extend(self.legal_actions_pos(p))

        # 持ち駒の配置時
        if self.pieces[p] == 0 and self.enemy_pieces[11-p] == 0:
            for capture in range(1, 4):
                if self.pieces[11+capture] != 0:
                    actions.append(self.position_to_action(p, 8-1+capture))
    return actions
```

▶ 駒の移動時の合法手のリストの取得

legal_actions_pos() は、駒の移動時の合法手のリストを取得します。駒の移動可能な方向を計算し、移動可能時は合法手として追加します。

```
# 駒の移動時の合法手のリストの取得
def legal_actions_pos(self, position_src):
    actions = []

    # 駒の移動可能な方向
    piece_type = self.pieces[position_src]
    if piece_type > 4: piece_type-4
    directions = []
    if piece_type == 1: # ヒヨコ
        directions = [0]
    elif piece_type == 2: # ゾウ
```

```
        directions = [1, 3, 5, 7]
    elif piece_type == 3: # キリン
        directions = [0, 2, 4, 6]
    elif piece_type == 4: # ライオン
        directions = [0, 1, 2, 3, 4, 5, 6, 7]

    # 合法手の取得
    for direction in directions:
        # 駒の移動元
        x = position_src%3 + self.dxy[direction][0]
        y = int(position_src/3) + self.dxy[direction][1]
        p = x + y * 3

        # 移動可能時は合法手として追加
        if 0 <= x and x <= 2 and 0<= y and y <= 3 and self.pieces[p] == 0:
            actions.append(self.position_to_action(p, direction))
    return actions
```

次の状態の取得

next(action) は、行動に応じた次の状態を取得します。次の状態をコピーで作成し、
depth を 1 加算した後、行動を駒の選択と移動の情報に変換し、状態に反映させます。

```
# 次の状態の取得
def next(self, action):
    # 次の状態の作成
    state = State(self.pieces.copy(), self.enemy_pieces.copy(), self.depth+1)

    # 行動を(移動先，移動元)に変換
    position_dst, position_src = self.action_to_position(action)

    # 駒の移動
    if position_src < 8:
        # 駒の移動元
        x = position_dst%3 - self.dxy[position_src][0]
        y = int(position_dst/3) - self.dxy[position_src][1]
        position_src = x + y * 3

        # 駒の移動
        state.pieces[position_dst] = state.pieces[position_src]
        state.pieces[position_src] = 0

        # 相手の駒が存在する時は取る
        piece_type = state.enemy_pieces[11-position_dst]
        if piece_type != 0:
            if piece_type != 4:
                state.pieces[11+piece_type] += 1 # 持ち駒+1
            state.enemy_pieces[11-position_dst] = 0

    # 持ち駒の配置
    else:
```

```
        capture = position_src-7
        state.pieces[position_dst] = capture
        state.pieces[11+capture] -= 1 # 持ち駒-1

    # 駒の交代
    w = state.pieces
    state.pieces = state.enemy_pieces
    state.enemy_pieces = w
    return state
```

先手かどうか

is_first_player() は、先手かどうかを取得します。

```
# 先手かどうか
def is_first_player(self):
    return self.depth%2 == 0
```

文字列表示

「__str__()」は、ゲーム状態の文字列表示を行います。各駒は、以下の文字列で表現します。[] で囲まれている場合は、持ち駒になります。

表 8-3-5 駒の文字列表現

駒の文字列表現	説明	駒の文字列表現	説明
H	先手のヒヨコ	h	後手のヒヨコ
Z	先手のゾウ	z	後手のゾウ
K	先手のキリン	k	後手のキリン
R	先手のライオン	r	後手のライオン

```
# 文字列表示
def __str__(self):
    pieces0 = self.pieces  if self.is_first_player() else self.enemy_pieces
    pieces1 = self.enemy_pieces  if self.is_first_player() else self.pieces
    hzkr0 = ('', 'H', 'Z', 'K', 'R')
    hzkr1 = ('', 'h', 'z', 'k', 'r')

    # 後手の持ち駒
    str = '['
    for i in range(12, 15):
        if pieces1[i] >= 2: str += hzkr1[i-11]
        if pieces1[i] >= 1: str += hzkr1[i-11]
    str += ']\n'

    # ボード
    for i in range(12):
        if pieces0[i] != 0:
```

315

```
                str += hzkr0[pieces0[i]]
            elif pieces1[11-i] != 0:
                str += hzkr1[pieces1[11-i]]
            else:
                str += '-'
        if i % 3 == 2:
            str += '\n'

    # 先手の持ち駒
    str += '['
    for i in range(12, 15):
        if pieces0[i] >= 2: str += hzkr0[i-11]
        if pieces0[i] >= 1: str += hzkr0[i-11]
    str += ']\n'
    return str
```

動作確認の定義

動作確認用に「ランダム vs ランダム」で対戦するコードを追加します。

```
# ランダムで行動選択
def random_action(state):
    legal_actions = state.legal_actions()
    return legal_actions[random.randint(0, len(legal_actions)-1)]

# 動作確認
if __name__ == '__main__':
    # 状態の生成
    state = State()

    # ゲーム終了までのループ
    while True:
        # ゲーム終了時
        if state.is_done():
            break

        # 次の状態の取得
        state = state.next(random_action(state))

        # 文字列表示
        print(state)
        print()
```

game.py の動作確認

「game.py」を「Google Colab」のインスタンスにアップロードして、動作確認を行います。

```
# game.pyのアップロード
from google.colab import files
```

```
uploaded = files.upload()

# フォルダの確認
!dir
```
```
game.py  sample_data
```

```
# game.pyの動作確認
!python game.py
```
```
[]          ZRK         -Hr         [h]
krz         [H]         -R-         --z
-h-                     Z-K         -kr
RH-         []          []          Rh-
Z-K         -kz                     Z-K
[]          -hr         []          []
            -H-         kHz
            ZRK         -Hr         [hh]
            []          ---         --z
[]                      ZRK         -kr         [h]
k-z                     []          -R-         --z
-hr         []                      Z-K         Rkr
RH-         -kz         []          []          -h-
Z-K         -Hr         [h]                     Z-K
[]          ---         -kz                     []
            ZRK         -Hr         [hh]
            [H]         ---         --z
[]                      ZRK         -kr         [h]
k-z                     []          R--         --z
-hr         []                      Z-K         k-r
-H-         k-z         []          []          -h-
ZRK         -Hr         [h]                     Z-K
[]          ---         -kz                     []
```

 ## dual_network.py（パラメータのみ更新）

「dual_network.py」では、デュアルネットワークのパラメータを変更します。入力シェイプは「(3, 4,14)」、行動数は「132」としてください。

```
DN_INPUT_SHAPE = (3, 4, 14)  # 入力シェイプ
DN_OUTPUT_SIZE = 132  # 行動数（駒の移動先（12）＊駒の移動元（11））
```

 ## pv_mcts.py（デュアルネットワークの入力の変更）

「pv_mcts.py」は、デュアルネットワークの入力の型を変更します。[state.pieces, state.enemy_pieces] を「state.pieces_array()」に変更します。

```
x = np.array([state.pieces, state.enemy_pieces])
```

```
x = np.array(state.pieces_array())
```

 self_play.py（デュアルネットワークの入力の変更）

「self_play.py」も、デュアルネットワークの入力の型を変更します。[state.pieces, state.enemy_pieces] を「state.pieces_array()」に変更します。

```
history.append([[state.pieces, state.enemy_pieces], policies, None])
```

```
history.append([state.pieces_array(), policies, None])
```

 train_cycle.py（コードの一部削除）

「train_cycle.py」では、ベストプレイヤーの評価のみ削除します。

```
# ネットワークの評価
update_best_player = evaluate_network()

# ベストプレイヤーの評価
if update_best_player:
    evaluate_best_player()
```

```
# ネットワークの評価
evaluate_network()
```

 human_play.py（全更新）

「human_play.py」では、簡易将棋の UI を作成します。

 パッケージのインポート
前章「7-3 人間と AI の対戦」と同様です。

```
# パッケージのインポート
from game import State
```

```
from pv_mcts import pv_mcts_action
from tensorflow.keras.models import load_model
from pathlib import Path
from threading import Thread
import tkinter as tk
from PIL import Image, ImageTk
```

ベストプレイヤーのモデルの読み込み

前章「7-3 人間と AI の対戦」と同様です。

```
# ベストプレイヤーのモデルの読み込み
model = load_model('./model/best.h5')
```

ゲーム UI の定義と実行

ゲーム UI「GameUI」を定義して実行します。GameUI のメソッドは、次のとおりです。

表 8-3-6 GameUI のメソッド

メソッド	説明
__init__(master=None, model=None)	ゲームUIの初期化
turn_of_human(event)	人間のターン
turn_of_ai()	AIのターン
draw_piece(index, first_player)	駒の描画
on_draw()	描画の更新

以下のソースコードの省略部分は、後ほどメソッドごとに説明します。

```
# ゲームUIの定義
class GameUI(tk.Frame):
    （省略）

# ゲームUIの実行
f = GameUI(model=model)
f.pack()
f.mainloop()
```

ゲーム UI の初期化

「__init__()」は、ゲーム UI の初期化を行います。
ここでは、「ゲーム状態」と「PV MCTS で行動選択を行う関数」と「イメージ」と「キャンバス」を準備しています。最後に描画の更新を行い、初期の画面を表示します。

```
# 初期化
def __init__(self, master=None, model=None):
    tk.Frame.__init__(self, master)
    self.master.title('簡易将棋')
```

```python
        # ゲーム状態の生成
        self.state = State()
        self.select = -1 # 選択（－1：なし、0〜11：マス、12〜14：持ち駒）

        # 方向定数
        self.dxy = ((0, -1), (1, -1), (1, 0), (1, 1), (0, 1), (-1, 1), (-1, 0), (-1,
-1))

        # PV MCTSで行動選択を行う関数の生成
        self.next_action = pv_mcts_action(model, 0.0)

        # イメージの準備
        self.images = [(None, None, None, None)]
        for i in range(1, 5):
            image = Image.open('piece{}.png'.format(i))
            self.images.append((
                ImageTk.PhotoImage(image),
                ImageTk.PhotoImage(image.rotate(180)),
                ImageTk.PhotoImage(image.resize((40, 40))),
                ImageTk.PhotoImage(image.resize((40, 40)).rotate(180))))

        # キャンバスの生成
        self.c = tk.Canvas(self, width = 240, height = 400, highlightthickness = 0)
        self.c.bind('<Button-1>', self.turn_of_human)
        self.c.pack()

        # 描画の更新
        self.on_draw()
```

人間のターンの処理

turn_of_human() は、人間のターンの処理を行います。

(01) ゲーム終了時

ゲーム終了時は、ゲーム状態を初期状態に戻します。

(02) 先手でない時

先手でない時は、操作不可とします。

(03) 持ち駒の種類の取得

state.pieces から、持ち駒の種類を取得します。

(04) 駒の選択と移動の位置の計算

クリック位置から、駒の選択と移動の位置を計算します。

(05) 駒の選択

駒が未選択の場合は駒を選択し、駒の移動の指定を促します。

(06) 駒の選択と移動の位置を行動に変換

駒の選択と移動の位置を行動に変換します。

(07) 合法手でない時

駒の選択と移動の位置から変換した行動が合法手でない場合は、駒の選択を解除します。

(08) 次の状態を取得

合法手の場合は、次の状態を取得して描画の更新を行います。

(09) AI のターン

AI のターンへの遷移を行います。

```python
# 人間のターン
def turn_of_human(self, event):
    # ゲーム終了時
    if self.state.is_done():
        self.state = State()
        self.on_draw()
        return

    # 先手でない時
    if not self.state.is_first_player():
        return

    # 持ち駒の種類の取得
    captures = []
    for i in range(3):
        if self.state.pieces[12+i] >= 2: captures.append(1+i)
        if self.state.pieces[12+i] >= 1: captures.append(1+i)

    # 駒の選択と移動の位置の計算（0～11：マス、12～14：持ち駒）
    p = int(event.x/80) + int((event.y-40)/80) * 3
    if 40 <= event.y and event.y <= 360:
        select = p
    elif event.x < len(captures) * 40 and event.y > 360:
        select = 12 + int(event.x/40)
    else:
        return

    # 駒の選択
    if self.select < 0:
        self.select = select
        self.on_draw()
        return

    # 駒の選択と移動を行動に変換
```

321

```python
        action = -1
        if select < 12:
            # 駒の移動時
            if self.select < 12:
                action = self.state.position_to_action(p, self.position_to_
direction(self.select, p))
            # 持ち駒の配置時
            else:
                action = self.state.position_to_action(p, 8-1+captures[self.select-12])

        # 合法手でない時
        if not (action in self.state.legal_actions()):
            self.select = -1
            self.on_draw()
            return

        # 次の状態の取得
        self.state = self.state.next(action)
        self.select = -1
        self.on_draw()

        # AIのターン
        self.master.after(1, self.turn_of_ai)
```

AI のターン

turn_of_ai() は、AI のターンの処理を行います。

(01) ゲーム終了時

ゲーム終了時は、無処理です。

(02) 行動の取得

デュアルネットワークで行動を取得します。

(03) 次の状態の取得

取得した行動に応じて次の状態を取得し、描画の更新を行います。

```python
# AIのターン
def turn_of_ai(self):
    # ゲーム終了時
    if self.state.is_done():
        return

    # 行動の取得
    action = self.next_action(self.state)

    # 次の状態の取得
```

```
        self.state = self.state.next(action)
        self.on_draw()
```

駒の移動先を駒の移動方向に変換

position_to_direction() は、駒の移動先を駒の移動方向に変換します。

```
# 駒の移動先を駒の移動方向に変換
def position_to_direction(self, position_src, position_dst):
    dx = position_dst%3-position_src%3
    dy = int(position_dst/3)-int(position_src/3)
    for i in range(8):
        if self.dxy[i][0] == dx and self.dxy[i][1] == dy: return i
    return 0
```

駒の描画

draw_piece() は、駒の描画を行います。

引数の「index」はマス番号、「first_player」は先手かどうかです。先手と後手では、駒の向きが変わります。

```
# 駒の描画
def draw_piece(self, index, first_player, piece_type):
    x = (index%3)*80
    y = int(index/3)*80+40
    index = 0 if first_player else 1
    self.c.create_image(x, y, image=self.images[piece_type][index],  anchor=tk.NW)
```

持ち駒の描画

「draw_capture(first_player, pieces)」は、持ち駒の描画を行います。

引数の「first_player」は先手かどうか、「pieces」は駒の配置です。pieces の「12 〜 14」が、持ち駒の個数になります。

```
# 持ち駒の描画
def draw_capture(self, first_player, pieces):
    index, x, dx, y = (2, 0, 40, 360) if first_player else (3, 200, -40, 0)
    captures = []
    for i in range(3):
        if pieces[12+i] >= 2: captures.append(1+i)
        if pieces[12+i] >= 1: captures.append(1+i)
    for i in range(len(captures)):
        self.c.create_image(x+dx*i, y, image=self.images[captures[i]][index],
anchor=tk.NW)
```

カーソルの描画

「draw_cursor(x, y, size)」は、カーソルの描画を行います。

引数の「x」と「y」はキャンバスの XY 座標、「size」はカーソルの幅・高さで、ピクセル単位で指定します。

323

```
# カーソルの描画
def draw_cursor(self, x, y, size):
    self.c.create_line(x+1, y+1, x+size-1, y+1, width = 4.0, fill = '#FF0000')
    self.c.create_line(x+1, y+size-1, x+size-1, y+size-1, width = 4.0, fill =
'#FF0000')
    self.c.create_line(x+1, y+1, x+1, y+size-1, width = 4.0, fill = '#FF0000')
    self.c.create_line(x+size-1, y+1, x+size-1, y+size-1, width = 4.0, fill =
'#FF0000')
```

描画の更新

on_draw() は、描画の更新を行います。すべてのマス目と駒と持ち駒と選択カーソル
を描画します。

```
# 描画の更新
def on_draw(self):
    # マス目
    self.c.delete('all')
    self.c.create_rectangle(0, 0, 240, 400, width = 0.0, fill = '#EDAA56')
    for i in range(1,3):
        self.c.create_line(i*80+1, 40, i*80, 360, width = 2.0, fill = '#000000')
    for i in range(5):
        self.c.create_line(0, 40+i*80, 240, 40+i*80,  width = 2.0, fill = '#000000')

    # 駒
    for p in range(12):
        p0, p1 = (p, 11-p) if self.state.is_first_player() else (11-p, p)
        if self.state.pieces[p0] != 0:
            self.draw_piece(p, self.state.is_first_player(), self.state.pieces[p0])
        if self.state.enemy_pieces[p1] != 0:
            self.draw_piece(p, not self.state.is_first_player(), self.state.enemy_
pieces[p1])

    # 持ち駒
    self.draw_capture(self.state.is_first_player(), self.state.pieces)
    self.draw_capture(not self.state.is_first_player(), self.state.enemy_pieces)

    # 選択カーソル
    if 0 <= self.select and self.select < 12:
        self.draw_cursor(int(self.select%3)*80, int(self.select/3)*80+40, 80)
    elif 12 <= self.select:
        self.draw_cursor((self.select-12)*40, 360, 40)
```

学習サイクルの実行

サンプルのソースコード一式（冒頭の表8-3-1も参照）を「Google Colab」のインスタンスにアップロードして実行します。具体的な実行方法は、6章「6-8 学習サイクルの実行」を参照してください。

- game.py
- dual_network.py
- pv_mcts.py
- self_play.py
- train_network.py
- evaluate_network.py
- train_cycle.py

```
# サンプルのソースコード一式のアップロード
from google.colab import files
uploaded = files.upload()
```

```
# 学習サイクルの実行
!python train_cycle.py
```

学習完了までに、GPUでまる1日かかります。30サイクル分の学習で、ルールを覚えたての人間程度まで学習できます。

学習が完了したら、「best.h5」をダウンロードします。

```
# best.h5のダウンロード
from google.colab import files
files.download('./model/best.h5')
```

人間とAIの対戦の実行

人間とAIの対戦は、ローカルPCで実行します。「human_play.py」と同じフォルダに、「best.h5」を含むmodelフォルダを配置します。

その後、以下のコマンドを実行すると、「簡易将棋」が始まります。

```
$ python human_play.py
```

INDEX

Pythonの文法関連の索引

記号、欧文

#	056
__init__	064
append()	060
array()	065
as	065
bool	056
break	062
class	064
complex	056
continue	062
def	063
del	060
enumerate（列挙）	063
False	056
flooat	056
format()	059
for（繰り返し）	062
from	065
if（条件分岐）	061
import	065
insert()	060
int	056
lambda 式	064
print()	056
range()	060, 062
remove()	060
return	063
self	064
str()	058
True	056
while（繰り返し）	062

和文

値	060
インデックス	058
インデント	061, 062, 062
演算子	057
関数	063
キー	060
キャスト	058

虚数	056
クラス	064
繰り返し処理	063
コメント	056
コンストラクタ	065
コンポーネント	065
コンポーネントの直接呼び出し	065
三項演算子	058
三重引用符	058
四則演算子	057
シングルクォート	056
字下げ	061
辞書	060
実数	056
数値型	056
ステップ	060
制御構文	061
整数	056
添字	058, 059, 061
代入演算子	057
ダブルクォート	056
タプル	061
内包表記	063
倍精度	056
パッケージ	065
パッケージのインポート	065
比較演算子	057
複数行の文字列	058
複素数	056
浮動小数点数	056, 059
ブロック	061, 062
変数	056, 059, 064
メソッド	064
メンバ変数	064
モジュール	065
文字列	058
文字列の表示	056
文字列の連結	058
リスト	059, 062, 063
論理演算子	057
論理値	056

索引

数字、記号

.h5（拡張子）	257
.ipynb（拡張子）	042
.py（拡張子）	259
12 時間ルール	043, 044
2 クラス分類	029, 069, 075
90 分ルール	043

ギリシャ文字

αカット	184
βカット	183
ε-greedy	122, 124, 147
θ（パラメータ）	025, 132, 135, 138, 150

A

acc（評価指標の定数）	079
Adam（最適化関数）	079
AlexNet	031
AlphaFold	022
AlphaGo	019, 039
AlphaGo Zero	021
AlphaGo Zero の論文	021
AlphaGo と Alpha（Go）Zero の比較	218
AlphaGo の論文	020
AlphaStar	022
AlphaZero	021, 205, 207
AlphaZero のリファレンス実装	210
AlphaZero の論文	021
Anaconda	253
Anaconda の主なコマンド	257
AND 関数	025
API リファレンス	066
APV MCTS（Async Policy Value Monte Carlo Tree Search）	220
argmax() メソッド	083

B

BatchNormalization	078, 111
binary_crossentropy（誤差関数）	078
Boston house-prices データセット	084
Bottleneck アーキテクチャ	105

C

Canvas クラスのメソッド	266
CartPole	156
Chaine	041
ChainerRL（深層強化学習ライブラリ）	172
CIFAR-10 データセット	092, 104
CNN（Convolutional Neural Network）	030
Coach（深層強化学習ライブラリ）	172
Conv2D() メソッド	109
Crazy Stone	039
Ctrl+Enter	049
CUDA	261
cuDNN	261

D

DataFrame() メソッド	086
Deep Learning	023
DeepBlue	039
DeepMind 社	020
Define by Run	041
Dopamine（深層強化学習ライブラリ）	172
DQN（deep Q-network）	020, 036, 155
DQN の論文	155
Dropout	074, 077

A

Atom	258
Average プーリング	094

INDEX

E

EarlyStopping() メソッド	089
evaluate() メソッド	082
exp() 関数	075, 136
Experience Replayd	159

F

fit() メソッド	080
fit_generator() メソッド	116
Fixed Target Q-Network	159
Functional API	108

G

Google Chrome	043
Google Colaboratory	041
Google Colaboratory にインストール済みのパッケージ	054
Google Colab の使い方	045
Google Colab の制限	043
Google Drive	042, 045
Google Drive のマウント	054
GoogLeNet	031
GPU（Graphics Processing Unit）	042, 051
GPU 版 TensorFlow のインストール	261
gym パッケージ	055

H

h5py パッケージ	055, 257
HDF5（Hierarchical Data Format）	257
Huber Loss	159
Huber 関数	160, 161

I

ImageDataGenerator() メソッド	114

J

JSAnimation パッケージ	170
Jupyter Notebook	042, 044

K

Keras	041, 070

L

L1 正則化	109
L2 正則化	109
LearningRateScheduler() メソッド	115
linear（関数）	076
Linux コマンド	053
Loss Function（関数）	078
LSTM（Long Short-Term Memory）	032

M

mae（評価指標の定数）	079
MAE（Mean Absolute Error）	089
main-network	159, 163
Markdown 記法	050
matplotlib パッケージ	055
Max プーリング	094
MNIST データセット	069
mse	159
MSE（Mean Squared Error）	089

N

ndarray（配列型）	070
np.nan	149
NumPy の欠損値	149
numpy パッケージ	055
NVIDIA ドライバ	261

O

one-hot 表現	072
OpenAI	156
OpenAI Gym	157, 173
Optimizer（関数）	079

P

pandas パッケージ	055
Pillow（PIL）パッケージ	055, 257
Plain アーキテクチャ	105
plt コンポーネント	071, 081, 134
predict() メソッド	083
PV MCTS（Policy Value Monte Carlo Tree Search）	220
Python	041
Python の開発環境	041, 253
Python の文法	056
PyTorch	041
pyvirtualdisplay パッケージ	169

Q

Q 学習（Q-Learning）	036, 143, 151
Q 関数	144
Reinforcement learning	033
ReLU（関数）	077

R

reshape() メソッド	072
ResNet（Residual Network）	031, 104, 211
ResNet の論文	106
Reward Clipping	159
RLLib（深層強化学習ライブラリ）	172
RNN（Recurrent Neural Network）	031

S

Sarsa	036, 142, 149
SGD（最適化関数）	079
sigmoid（関数）	075
softmax（関数）	077
Stable Baselines（深層強化学習ライブラリ）	172

T

tanh（関数）	076
target-network	159, 163
TD（Temporal Difference）誤差	150
TensorFlow	041
tensorflow-gpu のインストール	261
TensorFlow の CPU の拡張命令	277
tensorflow パッケージ	055, 070, 257
Tkinter パッケージ	263
TPU（Tensor Processing Unit）	042, 051, 205, 207
TPU の利用	101, 249
TPU コアの数	103
TPU モデルに変換	102

U

UCB1（Upper Confidence Bound 1）	122, 126, 193
UI 部品	263
Unity ML-Agents	172

V

Vim	258
Visual Studio Code	258

X

X Window System	169
Xvfb（X virtual framebuffer）	169

INDEX

あ

相手局面	037
アーク	037
アーク評価値	219
アニメーション	170
アニメーション表示	141, 153
アニメーションフレーム	169
アルファ碁	019
アルファ碁 Zero	020
アルファベータ法	038, 183
アンインストール	055

い

イベント処理	270
イベント定数	271
イメージの描画	268
インスタンス	042

う

ウィジェット	263, 264

え

エージェント	033
枝刈り	183
エピソード	035
エポック	079, 089, 102

お

重みパラメータ	024, 027, 078, 093, 135
親ノード	037
音声認識	031
温度パラメータ	222, 223

か

回帰	029, 077, 084

過学習	074, 081
学習	024, 027
学習係数	138, 150
学習サイクル	246
学習時間	042
学習中に出力される情報	080, 090
学習データ	027, 029, 030, 033, 207, 228, 229, 234
学習データ数	102
学習の再開	248
学習の実行	080
学習率	079, 115, 235
学習を停止	089
確率分布	212, 219, 226
隠れ層	026, 073
仮想環境	254
仮想サーバー	042
仮想ディスプレイ	169
画像認識	030
画像分類	092, 104
価値	034, 142, 207, 211
価値反復法	036, 142
活性化関数	074
カーネル	093
簡易将棋	305
環境	033
完全ゲーム木	038
完全情報ゲーム	037

き

機械学習	023
機械学習ライブラリ	041
期待報酬	122
キャンバス	263
強化学習	030, 192
強化学習サイクル	122, 131, 143, 157, 206
強化学習の概要	033

330

強化学習の用語	035
強化学習の学習サイクル	035
教師あり学習	029
教師なし学習	030
兄弟ノード	037
共有	048
局所解	142, 151
局面	037

く

クラス	029, 069
クラスタリング	030
グラフの表示	081, 090, 100, 116
訓練データ	070, 081
訓練ラベル	070, 072

け

経験	159
経験メモリ	161, 163
ゲーム AI の歴史	039
ゲーム UI	263, 272
ゲーム木	037, 175
現在のセルを実行	049
原始モンテカルロ探索	038, 188
検証データ	081

こ

更新	194, 220
行動	033
恒等関数	076
行動価値関数	144, 149, 157, 161
勾配	075, 077
合法手	177, 184, 189
誤差	078
誤差関数	159, 161
誤差逆伝播法	027, 077

答え	027
コードの実行	049
コードの実行状態	049
コードの停止	049
コネクトフォー	279
子ノード	037
コメント	048
コールバック	089, 115

さ

最悪手	175
再帰	180
最新プレイヤー	207
最善手	175
最適化	027
最適化関数	079, 235
最新プレイヤー	233, 235, 238, 240
残差ブロック	104, 211, 214
三目並べ	175, 183, 188, 192, 205, 272

し

シェイプ	070
時間割引率	144, 150
閾値	024, 132
自局面	037
シグモイド関数	074
時系列	031
試行回数	127, 192, 197
自己対戦	228
自己フィードバック	031
自然言語処理	031, 041
実行の中断	049
シミュレーション	128
シャッフル	087
収益	034
収益の式	143

331

INDEX

収束	142, 151
出力層	026, 073
条件付き収益	034
状態	033
状態価値	036
状態価値関数	145
状態評価	037, 175, 180, 188
勝率	193
ショートカット構造	104
ショートカットコネクション	105, 111
人工知能	023
深層学習の概要	023
深層学習のライブラリの特徴	041
深層強化学習	155
深層強化学習のライブラリ	172
新パラメータ評価	207, 238

す

推論	028, 083, 091, 100, 118
推論モデル	029
数値	029
スタークラフト 2	022
ステップ	036
スライド	093
スロットマシン	121

せ

正解データ	029
正規化	087, 097
成功率	122, 219
正則化	109
セッションの管理	049
接続状態	048
セル	049
セルフプレイ	207, 229
線形分離	074

線形分離器	161
全結合層	073
選択	193, 219

そ

双曲線正接関数	076
即時報酬	034, 143
ソフトマックス関数	077
ソフトマックス関数の数式	136
損失関数	078

た

多クラス分類	029, 069, 077
多次元配列	041
畳み込み層	030, 093
畳み込みニューラルネットワーク	030, 092
多腕バンディット問題	036, 121
探索	037, 122
探索アルゴリズム	175
探索の概要	037

ち

遅延報酬	034, 143

つ

ツリー構造	037

て

ディスプレイの設定	169
ディープニューラルネットワーク	026
手書き数字画像	069
テキストの表示	050
テスト画像	070
テストデータ	028, 081
テストラベル	070, 072
データの構造	030

データの種類	029, 069
データ分析	042
テーブル形式	086
デュアルネットワーク	207, 211
デュアルネットワークの出力	212
デュアルネットワークの入力	212, 280, 292, 307
展開	194, 220
テンソル	041

と

動画分類	031
どうぶつしょうぎ	306
特徴抽出	211
特徴データ	029
特徴マップ	093
特徴量	092
トレードオフ	122

に

入力層	026, 073
ニューラルネットワーク	024, 026, 069, 155, 157, 207, 215, 219
ニューロン	024

ね

ネイピア数	075, 136
ネガマックス法	180
ネットワーク構造	024, 027

の

ノード	037
ノートブック	042
ノートブックの設定	051, 101
ノートブックの保存	051

は

ハイパーパラメータ	159
バイアス	026, 027, 078, 122, 193
バッチサイズ	080, 102
パディング	094
パラメータ更新	207, 233
バリュー出力	211
汎化性能	074

ひ

評価	082, 091, 100, 116, 193, 219
評価関数	039, 188
評価指標	079
表形式	132
標準偏差	087

ふ

ファイルのアップロード	052
ファイルのダウンロード	053
フィルタ	094
二人零和有限確定完全情報ゲーム	175
部分ゲーム木	038
プーリング層	031, 093, 094
古いパッケージのインストール	055
プレイアウト	189, 193, 219
フレーム	263
分類	029, 069, 072

へ

平均絶対誤差	089
平均二乗誤差	089, 159
平均報酬	125. 129
並列実行	205
ベストスコア	184
ベストプレイヤー	207, 235, 238, 240, 242, 272

333

INDEX

ペナルティ 109
ベルマン方程式 145

ほ

方向定数 294, 310
方策 034, 131, 207, 211
方策勾配法 036, 131
方策反復法 036, 131
報酬 033, 034, 159
報酬和 034
ホスト型ランタイム 044
ボルツマン分布 223, 226
ポリシー出力 211

ま

前処理 072
マルコフ決定過程 035, 146

み

ミニマックス法 038, 175, 180

め

迷路ゲーム 131, 142

も

モデル作成 027
モンテカルロ木探索 038, 039, 192, 219

ゆ

ユニット 073

よ

予測値 027, 089

ら

ランダム 035
ランダムシュミレーション 188

り

リカレントニューラルネットワーク 031
リセット 051
リソース 268
リバーシ 291
リーフノード 037, 175
利用 122

る

累計価値 192, 193, 197
ルートノード 037, 175
ルールベース 023

れ

連続一様分布 087
連続値 029

ろ

ローカルランタイム 044

わ

割引報酬和 034
割引報酬和の式 143

■ **布留川 英一**（ふるかわ ひでかず）

1975 年生まれ。群馬県出身。会津大学コンピュータ理工学部コンピュータソフトウェア学科卒。

2000 年より株式会社ドワンゴにて、携帯アプリの研究開発に携わる。2005 年より株式会社 UEI にて、スマートフォン、二足歩行ロボット向けのアプリを開発。2013 年、ハイパーテキストタブレット端末「enchantMOON」の開発に参加。2017 年より GHELIA にて、人工知能、VR、AR の研究開発に従事。

「iPhone ／ Android アプリ開発者のための機械学習・深層学習 実践入門」（ボーンデジタル／ 2019 年刊）、「Unity ではじめる機械学習・強化学習 Unity ML-Agents 実践ゲームプログラミング」（ボーンデジタル／ 2018 年刊）、「Unity ゲーム プログラミング・バイブル」（共著、ボーンデジタル／ 2018 年刊）など、プログラミング関連を中心に著書多数。

■ カバー・本文デザイン：宮嶋 章文
■ 本文 DTP：辻 憲二

AlphaZero 深層学習・強化学習・探索
人工知能プログラミング実践入門

2019 年 6 月 25 日 初版第 1 刷発行
2021 年 9 月 25 日 初版第 3 刷発行

著者	布留川 英一
発行人	村上 徹
編集	佐藤 英一
発行	株式会社ボーンデジタル
	〒 102 － 0074
	東京都千代田区九段南 1 丁目 5 番 5 号 九段サウスサイドスクエア
	Tel：03-5215-8671　　Fax：03-5215-8667
	https://www.borndigital.co.jp/book/
	E-mail：info@borndigital.co.jp

印刷・製本　シナノ書籍印刷株式会社

ISBN978-4-86246-450-7
Printed in Japan

Copyright©2019 Hidekazu Furukawa
All rights reserved.

価格はカバーに記載されています。乱丁、落丁等がある場合はお取り替えいたします。
本書の内容を無断で転記、転載、複製することを禁じます。